没人教过的家庭料理秘诀

甘智荣 主编

黑龙江科学技术出版社
HEILONGJIANG SCIENCE AND TECHNOLOGY PRESS

图书在版编目（CIP）数据

没人教过的家庭料理秘诀 / 甘智荣主编 .-- 哈尔滨 :
黑龙江科学技术出版社 ,2018.1

ISBN 978-7-5388-9246-8

Ⅰ. ①没… Ⅱ. ①甘… Ⅲ. ①食谱 Ⅳ.
① TS972.12

中国版本图书馆 CIP 数据核字 (2017) 第 095714 号

没人教过的家庭料理秘诀

MEI REN JIAOGUO DE JIATING LIAOLI MIJUE

主　　编　甘智荣
责任编辑　回　博
策　　划　深圳市金版文化发展股份有限公司
封面设计　深圳市金版文化发展股份有限公司
出　　版　黑龙江科学技术出版社
地址：哈尔滨市南岗区公安街 70-2 号　邮编：150007
电话：（0451）53642106　传真：（0451）53642143
网址：www.lkcbs.cn www.lkpub.cn
发　　行　全国新华书店
印　　刷　深圳市雅佳图印刷有限公司
开　　本　720 mm × 1020 mm　1/16
印　　张　10
字　　数　128 千字
版　　次　2018 年 1 月第 1 版
印　　次　2018 年 1 月第 1 次印刷
书　　号　ISBN 978-7-5388-9246-8
定　　价　29.80 元

【版权所有，请勿翻印、转载】

目录 Contents

Chapter 1
每一种调味料，都有说不尽的秘密

Chapter 2
熟悉的蔬菜水果，要用更美味的方式享用

目录 Contents

Chapter 4

海鲜轻松吃，招招锁住诱人滋味

目录 Contents

Chapter 5

蛋和豆制品，软嫩入味就这么简单

Chapter 6

主食杂粮天天见，寻找百吃不厌的理由

Chapter 7

烹饪技法全解析，一步一步为美味加分

Chapter 8

刀不误“烹饪”工，选好厨具事半功倍

Chapter I

每一种调味料，都有说不尽的秘密

每一种调味料都有它的味道以及作用，日常烹饪中并不是随便使用的。烹饪者要细心考虑具体的情况，像菜色的色香味需求、食用者的口味偏好、体质特征和饮食宜忌等。挖掘调味料的使用奥秘，更有利于做出营养美食。

第一次开袋的盐，用量需**谨慎**

盐是一种最基本的调味料，一般情况下，料理的制作都不可能不添加盐，很多时候，由于食材本身具有独特的甜味和香味，只用盐和胡椒粉就能做出美味料理。日常食用的盐大多为“精制盐”，色泽洁白，外形美观，质地干燥，其 99% 以上的成分为氯化钠。由于产地不同，不同品牌的盐可能在咸度上有较大的差别，因此，刚开袋的盐在首次使用时，最好先少放一些，试尝之后再调整用量，以免放的量过多。

追求更美味，可选择**“天然盐”**

除了精制盐，我们还可以购买到“天然海盐”，它以充满自然风味的海水为原料，熬煮后再经过日晒结晶，日本、欧美、东南亚和澳大利亚等地均能方便购得。此外，还有一种“天然岩盐”，是海水因地壳变动结晶于地层内的产物，其在欧美的流通量比海盐更大。海盐能衬托出海鲜的口感，而岩盐则能让肉类的滋味更香。天然盐除了含氯化钠，还有钙、镁、钾等天然矿物质，比精制盐更能激发出食材的原味。

放盐**宜晚不宜早**

有研究发现，炒蔬菜时早加盐会增加水溶性维生素的流失量。同时，盐是一种氧化强化剂，烹制肉类时过早加盐，容易促进脂肪氧化，产生一些对人体有害的聚合物。从这方面考虑，快出锅的时候加盐会好一点，而且要少加。对于必须早放盐的菜，可先少加一些，待菜快好时再尝味补加。此外，盐能够使食物的结构发生紧缩，如果一开始就放盐，后面的调味料会很难再发挥作用。

巧妙用盐**处理食材**

盐不仅能为食物增添咸味，还具有排出食材中的水分、消除腥臭味和涩味、防止蔬菜水果变色、延长保鲜期等功效。对于含水分较多或很难入味的食材，可在烹制前根据食材的特性用盐进行腌渍。例如在烤肉时，鱼肉宜提前 15~20 分钟腌渍，以排出多余的水分，锁住其鲜味，并防止鱼肉加热时散开；肉类则应在快烤时再加盐，以免肉质因失水紧缩而变硬。

卤水盐焗虾

材料 活基围虾400克，粗盐200克，盐焗卤水适量，食用油适量

Tips:
★粗盐一定要炒至烫手方可使用。
★盐中的主要成分氯化钠在加热条件下，对铁锅损害较大，因此最好用旧铁锅来制作，或者用砂锅。

做法

① 基围虾洗净。
② 将盐焗卤水倒入锅中烧开，放入基围虾，小火煮5分钟，捞出备用。
③ 锅中倒入食用油，烧至七成热，放入卤好的基围虾，炸半分钟，捞出。
④ 将粗盐放入锅中炒热，再将虾放置其中，利用盐的温度将虾焗香即可。

迷迭香烤土豆

材料 小土豆200克，迷迭香、葱花、盐、橄榄油各适量

做法

① 将小土豆洗净，备用。
② 锅中注水，放入少许盐、迷迭香和小土豆，小火煮15分钟左右，捞出，沥干，备用。
③ 烤盘中铺上铝箔纸，抹上一层橄榄油，放入小土豆，撒上迷迭香、葱花；再将烤盘放进预热好的烤箱中烤30分钟。
④ 取出烤好的土豆，撒上剩余的盐即可。

Tips:
★烤箱要提前预热10分钟，温度为220℃。
★为了使烤出来的小土豆更香脆，放进烤箱前要把其外表的水晾干。

要学会用糖，**先了解成分**

食糖是一种常用的调味品，也是最常用的甜味剂。其一般由甘蔗或甜菜的汁液加工而成，经过精炼的白砂糖，纯度高，蔗糖含量在 99% 以上；而未经过精炼的红糖则含有较多的营养素及微量元素，如氨基酸、维生素 A、B 族维生素、维生素 C、维生素 K、叶酸以及铁、锰、铜等。

不同菜肴选择**不同种类的糖**

食糖的种类多样，由于制糖过程中去除杂质的程度不一样，造成了食糖颜色深浅的不同，因此按颜色可分为白糖、红糖和黄糖。根据颗粒大小，食糖又可分为白砂糖、绵白糖、方糖、冰糖等。其中白砂糖、绵白糖、红糖是菜肴中使用较多的。白砂糖颗粒均匀整齐、质地坚硬、无杂质、含蔗糖最多，常用于炒菜，可增加菜的风味。绵白糖与砂糖相比，结晶颗粒细小，含水分较多，外观质地绵软、潮润，入口溶化快，适宜于直接撒、蘸食物和点心。红糖精炼程度不高，保留了较多的维生素及矿物质，常用于汤品，具有化瘀生津、暖胃健脾等多种保健功能。

先放糖后放盐，**才能更美味**

日常烹调中，调料糖和盐总是扮演着调味的主角，把握着菜肴的整体味道。砂糖可以让食材变软，食盐的脱水作用则比砂糖的明显，会使食物收缩。因此，做菜时先放砂糖，让食材舒展开来，之后再放盐，咸味就能充分渗透进去，就更容易入味了。两者的先后顺序把握得当，会有效增添食材的风味。

“糖盐醋酱噌”**顺序要记牢**

若一个菜肴需要加入糖、盐、醋、酱油、味噌等多种调味料，一般情况下，建议按照糖、盐、醋、酱油、味噌的顺序依次添加。食糖既能中和番茄的酸味、咖啡的苦涩，又能减轻青菜和肉类的异味；盐可满足味蕾的基本需求；食醋和酱油等液体类调味料有其独特的香味，加热易挥发，所以一般在烹饪的后期加入；最后调入的味噌，略煮一下，让其辛香附着在食物的表层便可熄火。调料具有增强食欲或供给人体热量的功效，但饮食中应当控制好用量，以免增加肾脏的负担。

焖大肉排

材料 排骨300克，上海青100克，姜末少许，盐、白糖、豆瓣酱、生抽、水淀粉、食用油各适量

Tips:
★经验丰富的厨师会在做焖烧类菜肴时放两次糖。第一次加少许糖，让调味品充分渗入原料；第二次加糖使汁卤浓稠，色泽美观。

做法

① 将排骨洗净斩成大件；上海青择洗干净；分别焯水，沥干，备用。
② 起油锅，倒入姜末爆香；倒入排骨，炒匀；加入少许白糖，拌匀；再放入盐、豆瓣酱、生抽，炒匀。
③ 注入适量清水，用大火煮沸，转小火焖约40分钟至食材熟软。
④ 加入上海青、白糖，拌匀；倒入水淀粉，用大火收干汤汁，炒匀盛入盘子即可。

蜂蜜海绵蛋糕

材料 鸡蛋200克，蛋黄15克，蜂蜜40克，水40毫升，高筋面粉125克，绵白糖适量

做法

① 取碗，倒入鸡蛋、蛋黄、绵白糖，搅拌至起泡；倒入高筋面粉，拌匀。
② 分次加入蜂蜜，边倒边拌；再分次加入水，将食材搅匀制成面糊。
③ 烤盘铺上烘焙纸，倒入面糊；放入预热好的烤箱内，上下火均调为170℃，时间为20分钟。
④ 取出烤盘放凉，用刮板将蛋糕同烤盘分离，倒在烘焙纸上，撕去蛋糕底部的烘焙纸；将蛋糕切出自己喜欢的形状，装入盘中即可。

Tips:
★调入绵白糖的量，建议为100克左右。

酱油是**不健康食品吗?**

皮肤受伤后涂酱油会让伤口变黑?食用酱油会致癌?酱油不能生吃?像这样一些关于食用酱油的错误观念相信你在日常生活中都有所耳闻。很多人会觉得食用酱油不健康，并抱有排斥的心态。但酱油作为一种中国古代皇帝御用的调味品，具有三千多年的历史。其最早由鲜肉酿造而成，流传到民间后改由价格相对便宜的大豆酿制，风味依旧。现代食用的酱油用大豆、小麦、麸皮酿造，含有多种维生素和矿物质，可降低心血管疾病的发生率，并能减少自由基对人体的损害。大豆中所含的特殊物质异黄酮，可以减缓甚至抑制恶性肿瘤的生长。

细心选购方能打到**好酱油**

酱油有烹调用和佐餐用之分。烹调酱油一般分为风味型和保健型两种，如老抽酱油、铁强化酱油、加碘酱油等，这几种酱油在生产、贮存、运输和销售等过程中难免会受到各种细菌的污染，因此最好还是熟吃，经加热，一般都能将细菌杀死。如果想做凉拌菜，最好选择佐餐酱油，这种酱油微生物指标比烹调酱油要求严格，直接用于拌菜，不会影响食材的口感，方便简单。优质的酿造酱油呈红褐色或棕色，鲜艳有光泽，味道醇厚柔和，咸甜适口。如果酱油中有苦味、涩味，则属于次品，不宜选择。

使用得当，让酱油**风味不减**

酱油不宜在锅内高温烧煮，这样会使其鲜香流失，同时，酱油中的糖分也会在高温下焦化变苦，使菜肴的颜值与营养值丢分，所以，酱油应该在出锅前加入。

选用适合自己口味的酱油，**增添食欲**

生抽和老抽是烹调中较常使用的两种酱油。生抽以优质黄豆和面粉为原料，经发酵后提取而成，色泽淡雅，酱香浓郁，味道鲜美。老抽是在生抽中加入焦糖，经过特别工艺制成的浓色酱油，味道稍重。随着酿制工艺的改善，酱油的种类更为多样，也为菜肴调味提供了更多的选择，像蒸鱼酱油、草菇酱油、海带酱油、儿童酱油等。

酱爆鸡块

材料 仔鸡450克，胡萝卜80克，蒜末10克，生抽10毫升，盐3克，糖3克，食用油适量

Tips:
★生抽可用于红烧、卤味、焖煮，增添菜肴的色泽与风味，促进食欲。
★要把握好用酱油调色的尺度，防止成菜的色泽过深。

做法

① 洗净去皮的胡萝卜切滚刀块；处理干净的仔鸡斩块，待用。
② 起油锅，放入胡萝卜块，稍稍翻炒后盛出待用；将鸡块放入油锅里，高温煎成金黄色；再放入胡萝卜块，炒入味。
③ 倒入生抽拌炒至上色，注入清水大火焖煮10分钟。待水快煮干时，加入盐、糖、蒜末调味，拌炒片刻；收汁，出锅，捞起装盘即可。

酱黄瓜

材料 嫩黄瓜1条，蒜末、白芝麻、辣椒丝各适量，生抽9毫升，白糖9克，盐5克

做法

① 洗净的黄瓜切成条，装入碗中，放入盐，搅拌均匀，腌渍5分钟，待用。
② 热锅注水，加入生抽、白糖，煮至沸腾，装入碗中，待用。
③ 将腌渍好的黄瓜用清水洗去碱味，沥干，装入碗中。倒入煮好的酱汁，拌匀；倒出酱汁，放入蒜末、辣椒丝、白芝麻拌匀，倒入盘中即可。

Tips:
★日常使用的生抽放在常温下保存即可，但是不要储藏得过久，以免变质；选购时不要过度囤积，要保证食品的新鲜度。

各国醋美食**学起来**

由于原料、工艺、饮食习惯的不同，各国醋的口味相差很大。一般而言，东方国家以谷物酿造醋，西方国家以水果和葡萄酒酿醋。醋在中国菜的烹饪中有举足轻重的地位，常用于溜菜、凉拌菜等；西餐中常用于配制沙拉的调味酱或浸渍酸菜；日本料理中常用于制作寿司用的饭；英国的麦芽醋具有浓郁的柠檬味，多用于腌渍蔬菜，在烹饪中时常用作柠檬的代用品。

巧用醋，给味蕾多点**小惊喜**

烹调鱼类时加入少许醋可去除鱼腥味；烧羊肉时加少量醋，可解除羊膻气；在烹调菜肴时若辣味太重可加少许醋，辣味即可减轻；少许的醋还能使菜肴减少油腻，增加香味；在炖肉和煮烧牛肉、海带、土豆时加少许醋可使之易熟易烂；炒茄子中加少许醋能使炒出的茄子颜色不变黑。在烹调中积累一些小技巧，会让你的菜肴色香味俱全。

用醋不以量取胜，**并不是越多越好**

烹调时用醋的确能给菜肴加分，但用醋不以量取胜，并不是越多越好。把握好醋的用量能激发食材的风味，同时不会使食材本身的天然鲜美被盖住。值得引起重视的是，食醋保健成为当下流行的时尚养生方式，生活中有不少人对醋更是难以割舍，但大量地食用醋会促进胃酸分泌，长期如此会出现胃黏膜受损、肠道内菌群紊乱、人体的酸碱失衡等一系列的不良症状，对身体健康无益。

醋除了可以用作烹调，还是洁净的**好帮手**

长时间使用的厨房，其窗户、灯泡和玻璃器皿等都可能被蒙上一层油烟，此时可将适量的食醋加热，然后将抹布蘸湿，再往需要清洗的地方擦拭即可。刚买回来的陶瓷餐具，用含 4% 食醋的水浸泡煮沸，这样可去除大部分附着在餐具上的有毒物质，在很大程度上降低对人体健康的危害。

海带丝熘豆芽

材料 黄豆芽 200 克，水发海带丝 150 克，葱花、辣椒丝各适量，盐 2 克，醋、食用油各适量

Tips:
★烹煮豆芽的时间不宜太久，否则会出水过多，适当加点醋，可以保持其爽脆度，同时消除豆腥味。
★适量的醋使海带变软，口感更佳。

做法

① 分别将黄豆芽和水发海带丝洗净后焯水，再过一下凉水，备用。
② 炒锅注油烧热，放入葱花、辣椒丝爆香，放入海带丝，拌匀，大火炒 3 分钟。
③ 加入黄豆芽，拌匀。
④ 加入盐、醋，翻炒片刻即可。

剁椒腌蒜薹

材料 蒜薹一把，柠檬半个，剁椒酱、黑胡椒粒、茴香、糖、盐、米醋、生抽各适量

做法

① 蒜薹去掉较老的头部和尾部，洗净后控干水分。
② 拿两根蒜薹打上小结（这样能使蒜薹摆放整齐），放进瓶子里；重复该动作将全部蒜薹放进瓶子。
③ 锅中注水，倒入除蒜薹外的所有材料，拌匀煮沸，制成腌醋汁；放凉后倒入装有蒜薹的瓶子，没过蒜薹；盖好盖子，放置在阴凉处。两周后，待蒜薹入味、颜色变深即可食用。

Tips:
★根据个人口味可将米醋换成陈醋，黑胡椒粒换成花椒粒。经过腌渍的蒜薹，口感爽脆，是绝佳的下饭菜。

料理中的酒类，有着诱人的**魅力**

由于地区的饮食差异，用于烹调料理的酒类多样，像啤酒、白酒、黄酒、葡萄酒、威士忌等，因此在广义上我们称其为料酒。有时它们在一道菜肴中更是扮演着主角的角色，让菜肴独具特色、鲜香诱人，例如啤酒鸡、啤酒鱼、白酒蛤蜊意面、法式白酒田螺、红酒烧鸡、红酒炖牛肉、威士忌青口贝壳面、玉米威士忌等美味的料理，光听名字就让人忍不住咽口水。

自家餐桌上的**中式地道口味**

长期的饮食习惯和相关研究表明，用黄酒做原料，加入了一些香料和调味料做成的调味酒，即市面上标注为“料酒”的酒类，在中式料理中出现的频率较高，其香醇被普遍接受。其主要适用于肉、鱼、虾、蟹等荤菜的烹调，主要功能在于增加食物的香味，去腥解腻，有利于咸味、甜味充分渗入菜肴中，同时，它还富含多种人体必需的营养成分。烹调菜肴时料酒不要放得过多，以免料酒味太重而影响菜肴本身的滋味。

料酒的时间，**你放对了吗？**

炒菜时，在油热放菜品后倒入料酒，一方面能发挥料酒软化食材的作用，使菜肴中的肉类口感更佳；另一方面，高温能使附着在食材上的料酒中的酒精成分蒸发掉，只留下酒的香醇，达到提高鲜味的效果。而烹制清蒸鱼等菜肴时，则须在未入锅之前，先在鱼的身上抹料酒，随着温度的升高，酒中的乙醇开始发挥作用，这既能使腥味随乙醇挥发掉，又能使乙醇与鱼中的脂肪酸、氨基酸等发生化学反应，从而去除鱼肉的腥味，若出锅前才放料酒，受热挥发的过程就不能顺利进行。

料酒的**存放要领**

料酒的酒精度数低，开启后与空气接触容易招致细菌，引起变质，如果长时间放在灶台等高温环境下，变质的速度更快，产生酸味，变得浑浊不清，香气与营养也会受到一定的影响。因此使用后要及时盖好盖子，放在阴凉通风处，最适宜的温度为 15 ~25℃。

红酒欧包

材料 高筋面粉750克，酵母6克，牛奶、酸奶各120毫升，红酒260毫升，黄油35克，蔓越莓干、蜂蜜、盐、细砂糖各适量

Tips:

★发酵好的面团一般体积会大两倍。用手指按面团会有凹陷痕迹，且凹陷会保持。若其恢复，说明发酵不足；若出现塌陷，说明发酵太久。

做法

① 面包机中放入面粉、红酒、牛奶、酸奶、蜂蜜、酵母、细砂糖、盐、黄油，启动让其搅拌均匀；再加入蔓越莓干搅拌均匀，成面团。

② 把发酵好的面团分成每个150克的小份，搓成小球，放在烤盘上，放入烤箱饧发约40分钟。

③ 在饧发好的面团上放入印花纸，用筛网撒入面粉。

④ 把成型的面团放进预热好的烤箱中烘烤约15分钟，至面包表面金黄即可出炉。

醪糟红烧肉

材料 五花肉400克，姜片、葱花、盐、白糖、老抽、生抽、料酒、醪糟、食用油各适量

做法

① 五花肉洗净后，放少量料酒，浸泡1小时，捞出，沥干，再切成片，待用。

② 锅中注水烧开，放入五花肉，焯一下，捞出沥干。

③ 锅中注油，放入姜片，爆香；放入五花肉片，煸炒到微黄；放入料酒，拌匀；再放入少量白糖、盐、生抽、老抽、醪糟和适量清水，大火翻炒入味。

④ 出锅前放入白糖和葱花，拌匀，煮至红烧肉的表皮微焦即可。

Tips:

★醪糟经糯米发酵而成，口味香甜醇美，煮制红烧肉时使用能有效减轻其肥腻。

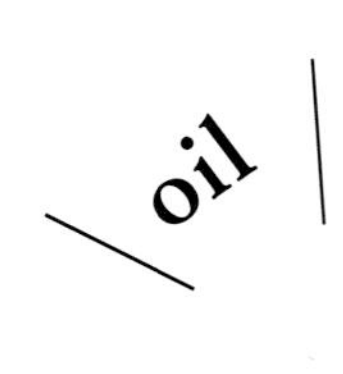

优质油，**安心食用**

随着现代制造工艺的发展与生活水平的提高，市面上可供选择的油类品种多样，橄榄油、菜籽油、花生油、玉米油、葵花籽油、大豆油等，这些油类既是我们日常能量的重要来源，又是使料理独具风味的秘诀。日常我们可根据个人的口味以及体质选购食用油，选购时一要注意其颜色，一般来说，精炼程度越高，油的颜色越淡；二看其透明度，清澄透明的油，质量更佳；三嗅其味道，取一两滴油放在手心，双手摩擦发热后，没有刺激性气味的即可。

贮存好你的**食用油**

贮存食用油的器皿一般选择玻璃制品或陶制品，避免使用塑料制品或金属制品。油脂容易氧化，开封后不耐存，要尽快使用，否则发生酸败不仅会影响味道和口感，营养价值也会下降，严重的还会引起身体不适。食用油使用完要密封起来，放置在阴凉干燥的地方，避免空气进入到里面或被阳光直射。如果买回来的油是倒入油壶中使用的，油壶摆放的放置应远离灶台、窗户边等容易发生氧化的地方。大桶的食用油开封后尽量在三个月内使用完。新油和老油不要混在一起，不然老油发生酸败也会影响新油的质量。

如何快速判断**锅内油温**

一些食谱会提到油温，此时新手们就会疑惑究竟油温怎样划分，对应温度是多少，是怎样一种状态呢。一般来说，以油的沸点 300℃作为总量十份，那么一成油温为 30℃，二成为 60℃，以此类推即可。一二成油温时，锅里的油面平静，手置于油锅的上方有微热感，该油温适用于油酥花生、油酥腰果等菜肴的烹制；三四成油温时，油面平静，取一只筷子置于油中，周围会出现微小的气泡，无青烟，该油温适用于干熘、滑炒肉末等；五六成油温时，筷子周围的气泡变得密集，搅动时有响声，有少量的青烟升起，该油温适用于炒、炝、炸等烹制方法；七八成油温时，气泡会非常密集，锅上方油烟明显，该油温适用于油炸或煎制肉类、鱼类，能使其外皮酥脆，不碎烂；九十成油温时，油面平静，油烟密而急，有灼人的热气，该油温仅适用于爆菜。日常烹调中把油温控制得恰到好处，可使食材保持营养与美妙的口感。

山药黄瓜熘肉片

材料 猪里脊 150 克，黄瓜 100 克，山药 100 克，盐 3 克，生粉 5 克，料酒 5 毫升，食用油适量

Tips:
★炒菜时先把锅烧热再放油，控制好油温，太高会降低其营养价值。
★炒菜时适量用油，放油不宜过多，否则不利于消化吸收。

做法

① 洗净的黄瓜切成小段，再切成小片；山药去皮洗净，切成薄片；洗净的猪里脊切成均匀的薄片，装入碗中，放入 1 克盐搅拌匀，放入生粉搅拌匀，腌渍片刻。
② 热锅注油烧热，倒入肉片，翻炒至转色；淋入料酒，快速翻炒片刻。
③ 倒入山药，翻炒片刻；再倒入黄瓜，炒匀。
④ 放入 2 克盐，拌匀；关火后盛出装入盘中即可。

日式炸猪排

材料 里脊肉 350 克，鸡蛋 2 个，生菜 90 克，面包糠、玉米淀粉各 60 克，盐 3 克，食用油适量

做法

① 生菜洗净切丝；里脊肉洗净切片，将肉片用刀背拍松，撒上盐；鸡蛋打入碗中，搅散成蛋液；取盘，倒入玉米淀粉；另取盘，倒入面包糠，备用。
② 拿一肉片，两面沾匀淀粉，接着浸泡蛋液，再两面沾匀面包糠。余下肉片依此操作，装盘待用。
③ 锅中注油，烧至六成热，放入肉片，炸 3 分钟至熟，捞出装盘即可。

Tips:
★用小碟子装上自己喜欢的酱料，如沙拉酱、日式酱油。将猪排佐以生菜丝，蘸上酱料食用，诱人的香气与鲜脆的风味定能让你一试难忘。

香辛料种类多样，味道、作用**各不同**

香辛料可细分成五大类，一是有热感和辛辣感的香料，如辣椒、姜、胡椒、花椒等；二是有辛辣作用的香料，如大蒜、葱、洋葱等；三是有芳香性的香料，如月桂、肉桂、丁香、肉豆蔻等；四是香草类香料，如茴香、甘草、百里香等；五是带有上色作用的香料，如姜黄、红椒、藏红花等。此外还有具有代表性的混合香辛料，如咖喱粉、五香粉、辣椒粉等。熟悉品种分类，在自己动手烹调时才能恰当运用，让食材的色、香、味达到更佳的状态，进而起到提高食欲的作用，还能充分发挥香辛料的祛寒除湿、缓解咽喉疼痛、抗菌消炎等功效。

把香辛料放在**对的地方**

五香粉、花椒、胡椒、八角等香辛料的味道浓郁，在做料理时可能放一点就能够满足菜肴味道的需要，所以往往买回来的香辛料不能在一次烹调中全部用完，此时就要把香辛料整理好存放，避免下次使用时四处寻找或重复购买。建议把香辛料统一存放在冰箱的真空层，又或者是用可以保鲜的盒子将其整齐地存放在冰箱，这样可以提升料理的速度，让心情更好，也能避免造成浪费。

姜是种**万能香料**

在众多的香料中，姜的出镜率较高，在各色的菜肴中使用非常广泛。不同的形状可与不同的菜色搭配。姜块、姜片适用于需长时间加热的，以炖、焖、烧、煮等方式烹调的菜肴，烹饪时若要放入新鲜的姜块，可先使用刀面将其拍打裂开，这样便于姜味顺利进入菜中发挥作用，从而消除肉类及海鲜类菜肴的腥膻味；姜丝可做凉拌菜或快炒的菜；姜末、姜汁多用于炒、炸、烹、汆等方法的菜。食用姜的优点很多，可给菜肴提鲜增香，其丰富的姜辣素有杀菌、消毒、促进消化的作用。但不是所有的菜肴都需要放姜来调味，也不是所有人都适合食用姜或者是喜欢姜的味道。在烹煮菜肴使用姜时，要考虑具体情况，如菜色本身、品尝者的口味与体质等。

五香茶叶蛋

材料 鸡蛋 4 个，八角、桂皮、香叶、红茶叶各 5 克，盐、鸡粉各 5 克，老抽 15 毫升

Tips:
★香料有调味增香的作用，若不是烹制特别浓烈的菜肴，就要细心控制好所用香料的种类与用量，否则会使食材本身的鲜香完全被盖住。

做法

① 锅中加入适量清水，然后放入鸡蛋，用大火将水烧开后，转慢火煮 15 分钟至熟，捞出。
② 往沸水锅中加入香料、茶叶，加入盐、老抽、鸡粉，拌匀调味。
③ 轻轻拍打蛋壳几下，然后放入锅中，以便煮入味。
④ 盖上锅盖，慢火煮约 15 分钟至鸡蛋入味，捞出即可。

卤鸭掌

材料 鸭掌 350 克，卤料包 1 个，葱结、蒜头、香菜、高汤各适量，生抽、老抽、盐、白糖、鸡粉、食用油各适量

做法

① 鸭掌焯水，待用；炒锅烧热，注入食用油，倒入蒜头、葱结、香菜，大火爆香；放入白糖，翻炒至溶化；倒入高汤，用大火煮沸。
② 放入卤料包，转中火煮沸；加入盐、生抽、老抽、鸡粉，拌匀，转小火煮约 30 分钟；挑去葱结、香菜，即成精卤水；再放入鸭掌，搅拌，用小火卤制 15 分钟，捞出即可。

Tips:
★常用的卤料包中有香茅、甘草、桂皮、八角、砂仁、干沙姜、丁香、花椒、草果、白蔻、红曲米、小茴香等香料和药材。

用**天然食材**自制高汤，健康又省时

来自大自然的食材，有其天然的浓郁风味，味道鲜美、营养丰富，像海带高汤能补充碘、柴鱼片高汤可健脾和胃。在熬制高汤时，我们不需要再为辅助材料的添加花费太多的心思，只需对材料进行前期的准备工作即可，如挑选、清洗等，这样就节省出更多的空余时间来打理生活。

好的高汤来自**优质食材**

用于熬制高汤的优质天然食材并不多，为了满足人们对菜肴鲜美的需求，更多的食材被挖掘出来用于熬制高汤。但无论是天然的还是需要加工的食材，只有在保证其品质的前提下才能熬制出美味营养的高汤。选购时要注重食材的品质，不要因为熬制高汤的最终目的是取其汤汁，而忽略蔬菜、肉类等食材本身的质量。其次，有人担心熬制的量太多，就把买回来的食材分次熬煮，其实这样做并不好，优质的食材也受时间的限制，不要等到其风味流失才去熬制高汤。

建议**少使用**市售高汤块

料理的时光总能带来无限的乐趣，但是工作繁忙又或者是照顾小孩等因素都会占用大量的时间，这样用于料理的时间就会被缩短。市面上销售的高汤块在一定程度上能够满足味觉上的需求，但在营养成分上却不是特别到位，其添加的人造添加剂、防腐剂等，长期食用对人体健康无益。再者，市售高汤块味道单一、辨析率并不高，可能无法满足人们的口味。尽量不要贪图一时的便利，放弃熬制有家的味道的高汤。

泡干货的水也能当高汤

新鲜水灵的食材作为高汤的原料的确滋味无穷，但由干货熬制的高汤同样出彩。无论是昆布、鱼干等海产类干货，还是干香菇、白菜干等蔬菜类干货，经过了阳光的洗礼就被赋予了时间的味道。在干制的过程中，水分被蒸发，鲜香味反而变得浓郁，此时使用泡发干货的水，高汤就是原汁原味的了。只要干货在泡发前清洗干净，就不用担心高汤的营养或质量。

高汤贮存有**妙招**

当你有闲暇的时间为餐桌增添美味与营养的高汤时，不要忘了根据自家偏爱的口味，或清淡或浓郁，选取身边的食材，这样熬制出来的高汤肯定是口感丰满，又能带来满满幸福感的。要注意的是，用买回来的食材熬制出的高汤，若不能一次用完，可以把它冷冻储存，让其风味能保留下来，这样下一次使用的时候只要解冻就可以了。

细心做好以下几点吧，操作是很便利的。

①用**优质食材**熬制的高汤，**放凉后**再装进可用于冷冻的器皿。

②高汤冷冻后会略微膨胀，无论是用冷冻袋还是冷冻盒，**切忌装太满**，以免撑破容器，造成浪费又弄脏冰箱。

③高汤冷冻后颜色都很相似，为了避免分辨不出来的情况，在放进冰箱前就要**做好标记**。

尽管冷冻是储存高汤的绝佳手段，但食材的美味也会随着时间的流逝而降低，所以熬制后也要尽快食用，最好在每一次熬制时控制好量。

3种常用高汤的做法

高汤是烹饪中常用的一种辅助原料，在烹调过程中可代替水，加入到菜肴或汤羹中，能提升菜肴的鲜味，使味道更为浓郁。

鸡汤

熬煮好的鸡汤放凉后装入冷冻袋中冷冻保存，在忙碌的日子或有客人突然造访时也能马上用它做出美味佳肴。

材料：

鸡翅尖……15只

生姜皮……适量

1 锅置火上，将备好的鸡翅尖与生姜皮放进锅里。

2 向锅中注入清水至稍低于食材面。

3 大火煮沸后，用汤勺撇去浮沫。

4 不盖锅盖，转小火煮20~30分钟。

5 熄火后放凉，将鸡汤和鸡翅尖一起倒进过滤网中。

★想要用汤做主菜时，最适合用便宜且带骨带皮的鸡翅尖。

★用做高汤的鸡翅膀和切大块的带骨鸡肉熬煮高汤，与鸡肉料理一起享用也不错。

猪骨汤

熬煮好的猪骨汤装入保鲜盒，凉凉后放冰箱，冷藏两三天，两周之内食用为好，煮馄饨、下面、熬粥、做汤都特别棒。

材料：

猪棒骨 .... 两三根

葱结、姜片、料酒、盐各适量

1 猪棒骨洗净控水，冷水下锅煮至沸腾出沫后关火，捞出猪骨后用温水洗净。

2 洗锅后重新注水，放入棒骨，加两三片姜、一个葱结和适量料酒。

3 大火烧开，改中小火保持微微沸腾的状态续煮，期间若有浮沫可撇去。

4 熬煮至汤汁见少、汤色发白、猪骨酥烂即可加盐调味。

5 关火后用滤网过滤掉葱、姜和碎骨。

★猪骨汤可用来煮热汤面、阳春面、大小馄饨，熬蔬菜粥、煮汤、炒菜时加一点高汤，味道也非常鲜美。

★骨头汤能祛风散寒、补充钙质、养颜护肤。加少许醋能使骨头里的磷、钙溶解在汤内，味道更鲜美，也有助于肠胃吸收营养。

菌菇汤

菌菇汤是一道鲜美的高汤。俗话说“冬吃萝卜，夏吃姜，一年四季喝菌汤”，可见菌菇汤对人的益处有多大。

材料：

白玉菇、杏鲍菇 .... 200 克

蟹味菇 .... 100 克

料酒、生姜片、盐、食用油各适量

1 把三种菇放入淡盐水中浸泡10分钟。

2 把三种菇洗净，切去根部，杏鲍菇切成小块。

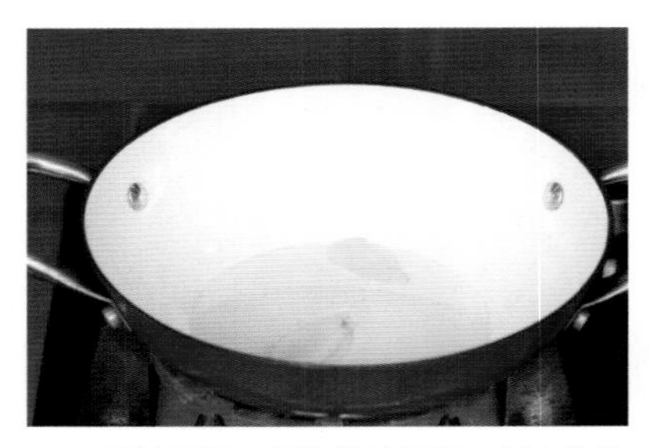

3 用油起锅，倒入姜片爆香，倒入洗净沥干的菇。

4 淋入半勺料酒，翻炒几分钟，把炒好的菇倒入砂锅中，加入适量清水。

5 盖上盖子，用中火煮沸后转小火继续煮半小时，之后加盐调味即可盛出。

★菌菇汤清淡却鲜香可口。熬煮时水量不需要太多，因为菇类本身会出水；不要添加其他调味料，以免菇类的鲜香被盖住。

★菌菇含有丰富的蛋白质、维生素 B_1、维生素 B_2、烟酸和矿物质钾，能有效降低血压、血脂，对身体相当有益。

高汤砂锅米线

材料 水发米线180克，韭菜50克，榨菜丝40克，火腿肠60克，熟鹌鹑蛋40克，高汤200毫升，姜片少许，盐2克，生抽5毫升，芝麻油4毫升，鸡粉2克

Tips:
★品尝时不要浪费汤汁，那里有丰富的营养。

做法

① 将火腿肠切成丝；择洗好的韭菜切成均匀的长段，备用。
② 砂锅中倒入高汤、姜片，搅拌片刻，用大火煮至沸腾。
③ 放入米线、鹌鹑蛋、榨菜丝、火腿肠丝。
④ 加入盐、鸡粉，拌匀；放入韭菜，拌匀煮沸。
⑤ 加入生抽，略煮后撇去浮沫；淋入芝麻油，搅拌调味，盛出即可。

上汤西洋菜

材料 西洋菜150克，蒜瓣5克，枸杞3克，蒜末、上汤各适量，鸡精3克，盐5克，味精、食用油各适量

做法

① 热锅注少量油，放入蒜瓣炸香，捞出。
② 锅底留油，倒入适量清水，加2克盐和少量的鸡精、味精搅匀烧开；倒入洗净的西洋菜，焯煮半分钟至熟，捞出，装入盘内备用。
③ 热锅注油，倒入上汤，加入3克盐；再加入鸡精、味精搅匀；倒入蒜末、枸杞，煮沸制成汤汁，将汤汁浇在西洋菜上即可。

Tips:
★西洋菜焯水时，一定要在水烧开后放入，否则西洋菜会变苦。

Chapter 2

熟悉的蔬菜水果，要用更美味的方式享用

蔬菜和水果是烹调中最简单、最容易处理的食材，一份小炒时蔬、一盘蔬果沙拉就能勾起你对美食的无限遐想！但要将熟悉的蔬菜、水果烹调得可口诱人也实属不易。让我们跟着本章内容一起探索探索吧。

胡萝卜

挑胡萝卜要“颜值高”

挑选胡萝卜必须看“颜值”：仔细观察胡萝卜的外表有没有裂口、虫眼等，主要挑外表光滑、没有伤痕的。颜色应为自然而光亮的橘红色，如果有叶子连在一起，要看看叶子是否翠绿新鲜。

根部细的胡萝卜味道甜

胡萝卜的滋味会因品种的不同而有极大的差异。如果喜欢味道偏甜的胡萝卜，最好挑选根茎部分切口纤细的品种，根部越细，胡萝卜的心就越细，味道也越甜。如果想知道某种胡萝卜的味道好不好，可挑选一根生胡萝卜切开，如果切面连心部都红得彻底，并能闻到胡萝卜独特的香气，这种胡萝卜无论做何种菜品都会很美味。

胡萝卜这样洗、这样切

1. 食盐清洗法： 将胡萝卜浸泡在加了食盐的水中，浸泡 10 ~ 15 分钟，捞出用清水冲洗干净，即可进行进一步加工。

2. 毛刷清洗法： 用软毛刷刷去泥沙和残余的杂质，用清水冲洗干净，再刮去表皮，就可以改刀烹饪了。

胡萝卜经常加入其他食材一起炖煮，这时，应把胡萝卜切成滚刀块，耐炖煮，而且小火慢炖后，食材味道互相融合提味，更好吃。

1. 将胡萝卜横放在案板上，将菜刀悬于胡萝卜上方，与胡萝卜中心线的方向成约 45° 夹角，垂直向下入刀，切下一块。

2. 再在案板上沿着胡萝卜中心线的方向向着身体这边翻转 45° 。

3. 再按刚才的方法，使菜刀与胡萝卜中心线形成 45° 夹角，垂直切下一块。

4. 如此重复，从右向左，一边旋转胡萝卜一边切下滚刀块。切入的刀口位于刚才切口的 2/3 处，切出的块会比较漂亮。

胡萝卜的“好搭档”

+

土豆

洋葱

牛肉

排骨

胡萝卜牛尾汤

材料 牛尾段300克，胡萝卜150克，姜片、葱花各少许，料酒5毫升，盐、鸡粉各2克，白胡椒粉少许

Tips:

★锅中注入的清水要一次加足，避免过程中添水冲淡汤的味道。

★每一样调料加一点即可，否则汤的鲜味就被调料味盖住了。

做法

① 洗净去皮的胡萝卜切滚刀块；沸水锅中放入洗净的牛尾段，汆煮至去除血水和脏污，捞出。

② 砂锅中注水烧开，放入牛尾段，淋上料酒，搅匀，用大火煮开。

③ 放入姜片，煲煮至牛尾段变软，倒入胡萝卜块，搅匀，续煮至食材熟软。

④ 加入盐、鸡粉、白胡椒粉，搅匀调味，将煮好的汤盛入碗中，撒上葱花即可。

嫩牛肉胡萝卜卷

材料 牛肉270克，胡萝卜60克，生菜45克，鸡蛋1个，面粉适量，盐3克，胡椒粉少许，料酒4毫升，橄榄油适量

做法

① 洗净去皮的胡萝卜切片；洗好的生菜去根部。

② 洗好的牛肉切片，加蛋清、料酒、面粉、少量的盐和橄榄油，腌渍约10分钟；胡萝卜片加盐、少量胡椒粉，腌渍至其变软。

③ 煎锅注橄榄油烧热，放入肉片煎香，撒上胡椒粉，翻转肉片，煎至其七八成熟，盛出装盘。

④ 取肉片铺开，放上生菜、胡萝卜，卷成卷儿即成。

Tips:

★制作肉卷时，可用牙签封口，这样肉卷不宜散开。

★随意搭配自己喜欢的蔬菜，注意多色多营养。

白菜

优质白菜这样选

买白菜时，可根据外形、颜色、重量、硬度来判断其品质优劣。

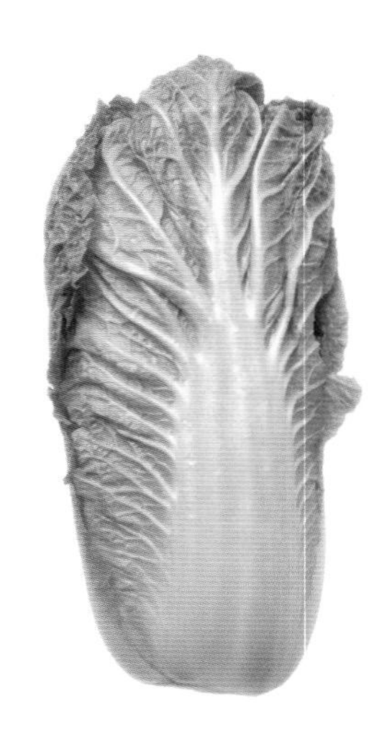

观外形：选购白菜的时候，要看根部切口是否新鲜水嫩。

看颜色：颜色是翠绿色最好，越黄、越白则越老。

掂重量：整棵购买时要选择卷叶坚实、有重量感的，同样大小的应挑选重量更重的。

摸硬度：拿起来捏捏看，感觉里面是不是实心的，里面越实越老，所以要买蓬松一点的。

白菜的外叶、内叶和菜心，你知道如何吃

一颗完整的白菜可分为坚韧的外叶、柔软的内叶和菜心三部分，因质地、鲜嫩不同，它们的健康吃法也有所差异。

外叶适合炖煮和快炒，比如冬天里最普遍的火锅和清蒸。

内叶柔软，是营养最多的地方，假如足够新鲜，则适合做成生吃的沙拉。

菜心从生吃、快炒到炖煮都可以，使用范围广泛。

白菜这样清洗

白菜更好的清洗方法是用食盐水或者淀粉水浸泡之后清洗。

1. 食盐清洗法：将白菜一片片剥下来，放在食盐水中浸泡 30 分钟以上，再反复清洗即可。

2. 淀粉清洗法：将白菜浸泡在清水中，可在水中放适量的淀粉，搅拌均匀之后浸泡 15 ~ 20 分钟，捞出之后用清水冲洗两三遍即可。

白菜的“好搭档”

+

粉丝

玉米

鲫鱼

猪肉

白菜玉米沙拉

材料 生菜 40 克，白菜 50 克，玉米粒 80 克，去皮胡萝卜 40 克，柠檬汁、盐、蜂蜜、橄榄油各适量

Tips:

★可以根据自己的喜好，加入沙拉酱或酸奶，这样口感更好。

★也可以将沙拉放入吐司中间，变成三明治。

做法

① 洗净的胡萝卜切丁；洗好的白菜切条形，改切成块；洗净的生菜切块。

② 锅中注水烧开，倒入胡萝卜、玉米粒、白菜，焯煮约 2 分钟至断生。

③ 关火后将焯煮好的蔬菜放入凉水中，冷却后捞出，沥干水分装碗待用。

④ 碗中再放入生菜，拌匀，加入盐、柠檬汁、蜂蜜、橄榄油，用筷子搅拌均匀即可。

香辣肉丝白菜

材料 猪瘦肉 60 克，白菜 85 克，香菜 20 克，姜丝、葱丝各少许，盐 2 克，生抽 3 毫升，鸡粉 2 克，料酒 4 毫升，食用油适量

做法

① 洗净的白菜切段，再切粗丝，装碗；洗好的香菜切段；洗净的猪瘦肉切片，再切细丝。

② 用油起锅，倒入肉丝，炒至变色，倒入姜丝、葱丝，爆香，加入料酒、1 克盐、生抽，炒匀炒香。

③ 盛出炒好的材料，装入白菜碗中。

④ 将碗中的材料拌匀，再倒入香菜，加入 1 克盐、鸡粉，拌匀至食材入味即可。

Tips:

★将瘦肉冰冻一会儿再切细丝，更容易操作。

★如果不喜欢生白菜的口感，也可以先将白菜焯水后再与其他食材拌匀。

土豆

黄皮土豆口感好

购买土豆时最好挑黄皮的土豆，黄皮土豆外皮暗黄，内呈淡黄色，淀粉含量高，含有胡萝卜素，口味较好。同时还要注意皮层变绿的土豆不要购买和食用，因为其中含有的龙葵素有毒性，加热也不会被破坏，吃了容易导致食物中毒。

土豆烹饪小技法

1. 将新出土的土豆洗净后放入热水中浸泡一下，再放入冷水中，就很容易削去外皮。

2. 土豆要用文火烧煮，才能均匀地熟烂，若急火烧煮，会出现外层熟烂甚至开裂，而里面却是生的现象，从而影响口感。

3. 粉质土豆一煮就烂，即使带皮煮也难保持完整。如果用于冷拌或做土豆丁，可以在煮土豆的水里加些腌菜的盐水或醋，这样能保持土豆煮后的完整性。

土豆去皮后要防止其变色

土豆切开变黑不是因为淀粉氧化，而是土豆中的酚类氧化。当土豆削皮后，植物细胞中的酚类物质便在酚酶的作用下，与空气中的氧化合，产生大量的醌类物质。新生的醌类物质能使植物细胞迅速地变成褐色，这种变化称为食物的酶促褐变。

控制土豆变色的简便办法是，把去皮的土豆立即浸在冷开水、糖水或淡盐水中，使之与空气隔绝，以防止植物细胞中酚类物质的氧化；或者水中滴几滴醋，可以使土豆洁白。不过，从保存土豆营养成分的角度来说，去皮土豆不宜浸泡过久。

土豆的“好搭档”

+

胡萝卜

鸡肉

豆角

黄瓜

土豆炖鸡块

材料 鸡块800克，土豆400克，葱段10克，姜片15克，黄豆酱、生抽、料酒、盐、食用油各适量

Tips:
★鸡块先汆水，口感会更好。
★炒鸡肉时，要炒至变色后再加入调料，炒至上色。

做法

① 洗净去皮的土豆切块状。
② 热锅注油烧热，倒入土豆块，煎至片刻，倒入鸡块炒香，倒入姜片、葱段，翻炒出香味。
③ 倒入黄豆酱，快速翻炒均匀，加入料酒、生抽，翻炒均匀提鲜，注入清水，放入盐。
④ 烧开后转小火焖15分钟至熟透，再翻炒入味即可。

黄瓜拌土豆丝

材料 去皮土豆250克，黄瓜200克，熟白芝麻15克，盐、白糖各1克，芝麻油、白醋各5毫升

做法

① 洗好的黄瓜切丝；洗净的土豆切丝。
② 取一碗清水，放入土豆丝，稍拌片刻，去除表面含有的淀粉，将水倒掉，土豆丝待用。
③ 沸水锅中倒入洗过的土豆丝，焯煮一会儿至断生，捞出，过一遍凉水后捞出。
④ 往土豆丝中加入黄瓜丝、盐、白糖、芝麻油、白醋，拌匀，装入碟中，撒上熟白芝麻即可。

Tips:
★可依个人喜好，加点辣椒油拌匀。
★土豆丝放入清水中，一方面可以去除表面含有的淀粉，另一方面可以防止其氧化变色。

洋葱

如何选购洋葱

选购洋葱时，可根据外形、颜色、硬度来判断其品质优劣。

观外形: 洋葱表皮越干、越光滑越好。洋葱球体完整、球形漂亮，表示洋葱发育较好。还要看洋葱有无挤压变形，如果损伤明显，则不易保存。

看颜色： 最好可以看出透明表皮中带有茶色的纹理。最好看看洋葱表面黑黑的部分是泥土还是发霉。

摸硬度： 用手轻轻按压洋葱，感觉软软的，表示可能已发霉，较不易储藏。

如何切洋葱不流泪

1. 把洋葱浸泡在凉水里几分钟。 剥开洋葱表皮，浸泡到水里一会，再切洋葱就不会流泪了。

2. 把洋葱放入微波炉里加热 45 秒钟。 微波炉发射出来的电磁射线会分解引起流眼泪的化合物。

3. 用柠檬汁擦拭刀片。 柠檬的成分会与洋葱的一些成分发生化学反应，可以让切洋葱的人不再流泪。

4. 咀嚼口香糖。 当我们嘴里嚼口香糖时，会不自觉地用嘴呼吸。此时切洋葱，鼻子吸入的刺激气体就会相应减少，能在一定程度上避免流眼泪。

洋葱炖肉能消除油腻感

吃炖肉、喝高汤，虽然美味，但肉的油腻感往往让人不敢多食。如果搭配少许洋葱一起炖汤，就能消除不少油腻感。而且洋葱还可以刺激消化道，促进消化液分泌，消除肉腻又帮助消化，一举多得。

洋葱的“好搭档”

+ 牛肉

鸡蛋

丝瓜

虾米

洋葱腊肠炒蛋

材料 洋葱 55 克，腊肠 85 克，蛋液 120 克，盐 2 克，水淀粉、食用油各适量

Tips:
★翻炒鸡蛋时宜用中火，这样菜肴的口感会更嫩滑。
★切洋葱时为了防止辣眼睛，应该不断地将刀蘸点水再切。

做法

① 将洗净的腊肠切开，改切成小段；洗好的洋葱切开，再切小块。
② 把蛋液装入碗中，加入盐，倒入水淀粉，快速搅拌一会儿，调成蛋液，待用。
③ 用油起锅，倒入切好的腊肠，炒出香味，放入洋葱块，用大火快炒至变软。
④ 倒入调好的蛋液，铺开，呈饼型，再炒散，至食材熟透即成。

洋葱酱虾米

材料 虾米 20 克，洋葱 40 克，小黄瓜 50 克，生抽 3 毫升，芝麻油 2 毫升

做法

① 洗净的黄瓜切开去瓤，切成片；洗净的洋葱切成丝。
② 锅中注水烧开，倒入虾米，煮去多余的盐分，捞出；另起锅，注水烧热，倒入虾米，略煮片刻，焖 3 分钟。
③ 倒入黄瓜片、洋葱丝，略煮片刻，淋上生抽、芝麻油，调味搅匀即可。

Tips:
★给儿童食用的话，汆虾米时要多煮一会儿。
★洋葱切的时候比较辣眼，提前一天将洋葱放冰箱里冷藏后再切比较好。

包菜

包菜如何清洗干净

包菜不宜直接用清水清洗，因为菜叶上有很多的化肥农药残留，更好的方法是用淡盐水浸泡之后再清洗。

1. 将包菜切开，放进盐水中浸泡 15 分钟。

2. 再把包菜冲洗干净，捞起沥干水即可。

如何挑选包菜

包菜以平头型、圆头型质量好，这两个品种菜球大，也比较紧实，心叶肥嫩，出菜率高，吃起来味道也好。相比之下，尖头型较差。在同类型包菜中，应选菜球紧实的，用手摸去越硬实越好。同重量时体积小者为佳。如果购买已切开的包菜，要注意切口必须新鲜，叶片紧密，握在手上，感觉十分沉重。

炒包菜好吃的秘诀

1. 将包菜洗净，撕成一片片的，甩干水分，这样炒的时候才不会让锅里产生多余的水分，影响包菜的口感。

2. 加入包菜后用大火翻炒，这样菜叶才会均匀受热，不会有半生不熟的感觉。

3. 炒到包菜断生就可以加盐调味了，当包菜开始出水时说明已经稍微炒过头了。

4. 在淋醋的时候记得把醋浇在锅的四周，这样醋遇高温会瞬间产生香味，让包菜更好吃，也能保护菜里的维生素。

5. 在炒包菜的时候还可以加一小勺料酒给菜增香，加一点点白糖给菜增鲜。

包菜的“好搭档”

+

粉丝

西红柿

鸡蛋

猪肉

双丝包菜卷

材料 包菜叶100克，鸡蛋2个，胡萝卜200克，盐3克，白糖2克，生抽、芝麻油、食用油各适量

Tips:
★包菜较硬，可多煮一会儿，否则不易包成形。
★根据自己的口味喜好，适量增减调味料。

做法

① 把鸡蛋打入碗中，打散，调匀；洗净的胡萝卜切丝；洗净的包菜叶修齐整。
② 锅中注水烧开，放入1克盐、白糖、胡萝卜，稍煮片刻后捞出；将包菜叶放入锅中，煮熟后捞出。
③ 起油锅，倒入蛋液，煎成蛋皮，盛出后切丝。
④ 取包菜叶，放上胡萝卜丝、蛋皮丝，卷好，制成包菜卷；取味碟，放入2克盐、生抽、芝麻油，拌匀，制成味汁，用以佐食包菜卷即可。

鸡肉包菜圣女果汤

材料 包菜50克，鸡肉50克，圣女果70克，芝士粉5克，胡椒粉3克，盐2克

做法

① 洗净的圣女果对半切开，再对切；处理好的包菜切成小块；处理好的鸡肉切片，剁成末。
② 将包菜、圣女果、鸡肉末倒入碗中，加入胡椒粉、盐、凉开水，用保鲜膜将碗口封住。
③ 备好微波炉，打开炉门，将食材放入，关上炉门，启动机子微波3分30秒。
④ 待时间到，打开炉门，将食材取出，揭去保鲜膜，撒上芝士粉即可。

Tips:
★鸡肉可事先腌渍片刻，味道会更鲜嫩。
★最后加入一点白糖，既可以去腥，还能提鲜。

莲藕

藕节间距越大、藕节粗而短的莲藕口感更好

买莲藕时，可根据外形、颜色、通气孔来判断其品质优劣。

观外形： 藕节之间的间距越大，则代表莲藕的成熟度越高，口感更好；尽量挑选藕节较粗而短的莲藕，这样的莲藕成熟度高，口感更好。

看颜色： 莲藕的外皮应该呈黄褐色，肉肥厚而白。如果莲藕外皮发黑，有异味，则不宜食用。

看通气孔： 如果是切开的莲藕，可以看看莲藕中间的通气孔，应选择通气孔较大的莲藕购买。

莲藕的两种保存方法

莲藕如果存放在常温状态下，不能储存很久，为了更好地保存，可采用冰箱储存法、净水储存法。

1. 冰箱储存法： 将莲藕直接用保鲜袋装好后放在冰箱冷藏室储存，可保存一周左右。

2. 净水储存法： 将莲藕洗净，从节处切开，使藕孔相通，放入凉水盆中，使其沉入水底。置盆于低温避光处，夏天 1 ~ 2 天、冬天 5 ~ 6 天换一次水，这样夏天可保鲜 10 天，冬天可保鲜一个月。

脆藕和粉藕如何辨别

莲藕从口感上分为脆藕和粉藕两种，脆藕口感爽脆，吃起来带有藕断丝连的感觉；粉藕吃起来很面，淀粉含量多，有少许土豆的口感。区分脆藕和粉藕可从以下几个方面入手：

1. 一般短粗圆润、个头较大的是粉藕，又细又长、个头小巧纤细的很多为脆藕。

2. 粉藕一般颜色发深，脆藕则颜色发白，但注意颜色太白的可能是漂白过的。

3. 粉藕表皮比较粗糙，麻点较多，而脆藕则光滑很多。

莲藕的“好搭档”

\+ 排骨

猪蹄

猪肉

秋葵

莲藕炒秋葵

材料 去皮莲藕250克，去皮胡萝卜150克，秋葵50克，红彩椒10克，盐、鸡粉、食用油各适量

Tips:
★秋葵易熟，焯煮的时候可以最后再放入。
★秋葵有黏液，炒的时候要注意不能让它粘锅底。

做法

① 洗净的胡萝卜切片；洗好的莲藕切片；洗净的红彩椒切片；洗好的秋葵斜刀切片。
② 锅中注水烧开，加入少量的油、盐，拌匀，倒入胡萝卜、莲藕，拌匀。
③ 放入红彩椒、秋葵，焯煮约2分钟至食材断生，捞出，沥干水。
④ 用油起锅，倒入焯好的食材，翻炒均匀，加入盐、鸡粉，炒匀入味即可。

红烧莲藕肉丸

材料 肉末200克，莲藕300克，香菇80克，鸡蛋1个，姜片、葱段各少许，盐、鸡粉、生抽、老抽、料酒、水淀粉、食用油各适量

做法

① 洗净去皮的莲藕切粒；洗好的香菇切碎末。
② 取一个碗，倒入肉末、莲藕、香菇，加入鸡粉、盐，再打入鸡蛋，倒入少量的水淀粉，搅至起劲。
③ 热锅注油烧热，将拌好的材料挤成肉丸，放入油锅中，炸至金黄色，捞出，沥干油。
④ 油爆姜片、葱段，注入清水，加少量的盐、鸡粉和生抽，放入肉丸，加入老抽、料酒、水淀粉炒匀即可。

Tips:
★莲藕可以切碎一点，这样吃起来口感会更好。
★炸丸子时用漏勺，可以防止丸子粘在锅底，且容易定型。

香菇

如何选购质优的香菇

购买香菇时，可根据外形、颜色、硬度来判断其品质优劣。

观外形： 主要是看形态和色泽以及有无霉烂、虫蛀现象。香菇一般以体圆齐整、杂质含量少、菌伞肥厚、盖面平滑为好。按照菌盖直径大小的不同，可分一、二、三和普级四个等级，其中一级品香菇的菌盖直径要在 4 厘米以上。

看颜色： 菇面向内微卷曲并有花纹，颜色乌润，菇底以白色的为最佳。

摸硬度： 选购干香菇时应选择水分含量较少的。手捏菌柄，若有坚硬感，放开后菌伞随即膨松如故，则说明质量较好。

新鲜香菇存放更久的小妙招

新鲜香菇不耐放，放久之后菇伞就会打开，冒出黑斑。假如没把菇伞朝下、菇蒂朝上保存，孢子就会掉落，发黑得更快，香菇的滋味会迅速下滑，因此要尽快用完。

有些人会把剩下的香菇连袋子一起放进冰箱的蔬果室保存，这是非常不可取的。香菇放在袋里闷着会发黑。假如没有一次用完，要摊在过滤网中，在日光下照射。只要将香菇晒到半干（外面干燥，里面稍微残留水分的状态）再冷冻，就能保存将近一个月还留有美味。

干香菇的清洗

1. 将香菇放入大碗中，倒入温水，泡发 15~20 分钟。

2. 用筷子来回不停地搅动清洗，将香菇捞出，放进另一个碗里，加入适量淀粉。

3. 倒入适量清水，搅拌均匀，用手指搓洗香菇，之后用清水清洗，沥干即可。

香菇的“好搭档”

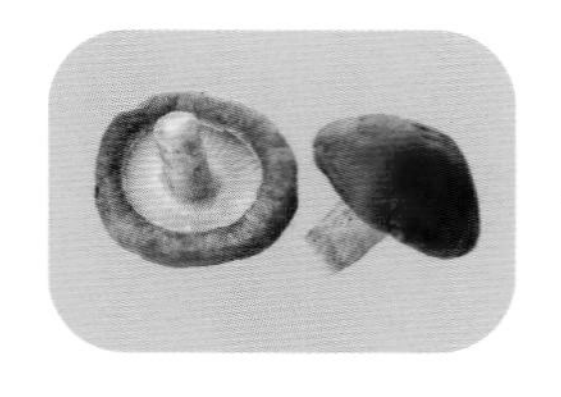

+

牛肉

莴笋

鸡肉

板栗

栗焖香菇

材料 去皮板栗200克，香菇40克，胡萝卜50克，盐、鸡粉、生抽、料酒、水淀粉、白糖、食用油各适量

Tips:
★可依个人喜好，加入少许姜片和干辣椒爆香。
★可按个人口味用虾仁替换板栗，做成香菇炒虾仁，味道也不错。

做法

① 洗净的板栗对半切开；洗好的香菇切十字刀，成小块状；洗净的胡萝卜切滚刀块。
② 用油起锅，倒入板栗、香菇、胡萝卜，将食材翻炒均匀。
③ 加入生抽、料酒，炒匀，注入200毫升左右的清水，加入盐、鸡粉、白糖，充分拌匀。
④ 用大火煮开后转小火焖15分钟使其入味，用水淀粉勾芡即可。

虫草花香菇蒸鸡

材料 鸡腿肉块280克，水发香菇50克，水发虫草花25克，红枣35克，姜丝5克，盐、蚝油、干淀粉、生抽各适量

做法

① 将洗净的香菇切片；洗好的虫草花切小段；红枣洗净，待用。
② 鸡腿肉块装碗中，加入生抽、姜丝、蚝油、盐、干淀粉，拌匀，腌渍约10分钟。
③ 取一蒸盘，倒入腌渍好的食材，放入香菇片，撒上虫草花段，放入红枣。
④ 备好电蒸锅，放入蒸盘，蒸至熟透，取出即可。

Tips:
★虫草花泡好后应再清洗一遍，能有效清除杂质。
★鸡最好是水开了以后再下锅蒸，这样鸡的味道和口感特别嫩滑。

西红柿

如何选购西红柿

购买西红柿时，可根据外形、颜色、重量来判断其品质优劣。

观外形：西红柿一般以果形周正，无裂口、虫咬，圆润、丰满、肉肥厚，心室小者为佳，不仅口味好，而且营养价值高。

看颜色：宜挑选富有光泽、色彩红艳的西红柿，不要购买着色不匀、花脸的西红柿。有蒂的西红柿较新鲜，蒂部呈绿色的更好；反之，如果蒂部周围是棕色或茶色的，那就可能是裂果或部分已腐坏了的。

掂重量：质量较好的西红柿手感沉重，如若是个大而轻的，说明是中空的西红柿，不宜购买。

别有风味的腌渍西红柿

腌渍西红柿的做法很简单：先将西红柿剖成 4~6 等份，洋葱切薄片，接着用带点甜味的沙拉酱（将油与醋以 2 ∶ 1 的比例混合，撒上少许盐和胡椒，再把分量为油的 1/5 的砂糖放进去）腌渍西红柿和洋葱，在西红柿的酸味调剂下，隔天就能享用。

西红柿也能烤着吃

夏天里用烤箱烤的西红柿不失为一款应季菜肴。取适量新鲜西红柿，切成两等份，分开摊在耐热容器中，撒上适量的盐、胡椒、干燥罗勒、橄榄油，以及芝士粉，用 200℃烤 15~16 分钟，烤至恰到好处的金黄色即可。

西红柿的“好搭档”

+

鸡蛋

茄子

虾仁

牛腩

西红柿炒茄子

材料 青茄子 120 克，西红柿 95 克，青椒 20 克，花椒、蒜末各少许，盐 2 克，白糖、鸡粉各 3 克，水淀粉、食用油各适量

Tips:
★青椒炸的时间不宜太长，至其呈虎皮状即可。
★不喜欢吃茄子皮的，可以去掉皮再炒。

做法

① 洗净的青茄子切开，改切滚刀块；洗好的西红柿切小块；洗净的青椒切小块。
② 热锅注少量油烧热，倒入茄子，略炸一会儿，再放入青椒块，拌匀，炸出香味，捞出，沥干油。
③ 用油起锅，倒入花椒、蒜末，爆香，倒入炸过的食材，放入切好的西红柿，炒出水分。
④ 加入盐、白糖、鸡粉，淋入适量水淀粉，炒至食材入味即成。

西红柿鸡蛋炒面

材料 西红柿 120 克，鸡蛋液 80 克，熟粗面条 280 克，葱段少许，番茄酱 10 克，盐 2 克，鸡粉 2 克，食用油适量

做法

① 洗净的西红柿切开，切成小块。
② 热锅注油烧热，倒入鸡蛋液，翻炒使其凝固，翻炒松散后，将鸡蛋盛出待用。
③ 锅底留油烧热，倒入葱段，翻炒爆香，倒入备好的西红柿，翻炒片刻。
④ 挤入番茄酱，倒入熟粗面条，快速翻炒匀，倒入鸡蛋，加入盐、鸡粉，炒匀调味即可。

Tips:
★倒入面条后一定要快炒，以免煳锅。
★鸡蛋可以加点水打成蛋液，这样会煎得比较嫩。

茄子

如何选购茄子

购买茄子时，可根据外形、颜色、重量来判断其品质优劣。

观外形： 茄子以果形均匀周正，无裂口、腐烂、锈皮、斑点为佳品。

看颜色: 选购茄子一般以深黑紫色、具有光泽、蒂头带有硬刺的为最新鲜， 反之带褐色或有伤口的茄子不宜选购。

掂重量： 茄子拿在手里，感觉轻的较嫩，感觉重的大都太老，且籽多不好吃。

烹调茄子不变色的小技巧

茄子在烹调过程中很容易变色，影响品相，下面教大家几个茄子不变色的技巧。

1. 过油法： 茄子在烹调前放入热花生油中稍炸，再与其他材料同炒，便不容易变色。

2. 加醋法： 炒茄子时，加点儿醋，可使炒出来的茄子不黑。

3. 撒盐法： 炒茄子时，先将切好的茄子加盐拌匀，腌 15 分钟左右后，挤去渗出的水，炒时不加汤，反复炒至全软为止，再加各种调味品即可。

消除涩味是烹调茄子的关键

茄子是涩味强烈的蔬菜，切口接触到空气就会发黑，即使用煮的或用蒸的，带有涩味的成分也会残留下来，因此消除涩味这道步骤非常重要。茄子剖开后要立即泡盐水 5~6 分钟，这样能有效消除涩味。除此之外，加盐搓揉也是消除涩味的好办法。

假如茄子要整条煮或炸，或是剖开后油炸，就不需要泡水。油炸茄子时必须做好热油的步骤，假如没有泡水，油就不容易溅出来，能够放心油炸。

茄子的“好搭档”

+

猪肉

豆角

土豆

大蒜

蒜香拌茄子

材料 茄子300克，红椒30克，葱花3克，蒜末20克，盐、鸡粉各2克，生抽、芝麻油各适量

Tips:
★蒜末可事先用油爆片刻，味道会更香。
★所用调料的分量随个人口味进行增减。

做法

① 洗净的茄子切滚刀块；洗净去籽的红椒切细条，再切粒。
② 备好一个容器，放入茄子，盖上盖。
③ 备好微波炉，打开炉门，放入茄子，关上炉门，按“开始”键启动，定时加热4分钟。
④ 待时间到打开炉门，将茄子取出，加生抽、芝麻油、蒜末、鸡粉、盐、红椒、葱花，充分搅拌均匀即可。

蒜香肉末蒸茄子

材料 肉末70克，茄子300克，蒜末10克，姜末8克，葱花3克，盐2克，水淀粉15毫升，生抽8毫升，鸡粉2克，食用油适量

做法

① 洗净的茄子切成2厘米厚度的段，在茄子一面划上井字花刀，入油锅煎至两面微黄，盛出。
② 油爆蒜末、姜末，倒入肉末炒匀，加盐、生抽、鸡粉，炒至肉末入味，加清水煮沸，倒入水淀粉收汁，将炒好的肉末均匀地浇在茄子上。
③ 电蒸锅烧开，放入茄子蒸5分钟后取出，撒上葱花即可。

Tips:
★茄子花刀可以划深点，会更入味。
★肉末中的调味料可依个人口味酌量添加，还可加入少许白糖提鲜。

黄瓜

如何选购黄瓜

购买黄瓜时，可根据外形、颜色、重量、硬度来判断其品质优劣。

观外形：应选择条直、粗细均匀的瓜。一般来说，带刺、挂白霜的瓜为新摘的鲜瓜，瓜鲜绿、有纵棱的是嫩瓜。肚大、尖头、细脖的畸形瓜，是发育不良或存放时间较长而变老所致。

看颜色：挑选时应选择新鲜水嫩的，颜色深绿色、黄色或近似黄色的瓜为老瓜。

掂重量：可以用手掂一掂重量，相同大小的黄瓜应选择重一点的，这样的黄瓜才不是空心的。

摸硬度：挑选新鲜黄瓜时应选择有弹力的、较硬的为最佳。瓜条、瓜把枯萎的，说明采摘后存放时间长了。

黄瓜的保存方法

1. 冰箱冷藏法：保存黄瓜时，将表面的水分擦干，再放入保鲜袋中，封好袋后放冰箱冷藏即可。

2. 塑料袋装藏法：小型塑料食品袋，每袋 1~1.5 千克，松扎袋口，放入室内阴凉处，夏季可贮藏 4~7 天，秋冬季室内温度较低，可贮藏 8~15 天。

3. 盐水保鲜法：在水池里放入食盐，将黄瓜浸泡其中。3~5 天换 1 次水，黄瓜在 18~25℃的常温下可保存 20 天。

生吃黄瓜需要注意这些方面

1. 不宜生食不洁黄瓜，吃之前一定要先清洁，可以用盐清洗。

2. 不宜吃太多，加醋会让营养更平衡。

3.不宜多食偏食；不与辣椒、菠菜、花菜、小白菜、西红柿、柑橘同食。

黄瓜的“好搭档”

+

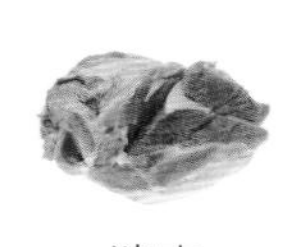

鸡蛋　香菇　猪肉　菠萝

香菇豆腐酿黄瓜

材料 黄瓜 240 克，豆腐 70 克，水发香菇 30 克，胡萝卜 30 克，葱花 2 克，盐、鸡粉、干淀粉、芝麻油、水淀粉各适量

Tips:

★食材最好切得大小一致，能更均匀入味。

★黄瓜可以削皮，如果不去皮，一定要洗干净。

做法

① 洗净的黄瓜切段；洗净去皮的胡萝卜切碎；豆腐切块；泡发好的香菇切去蒂，再切碎。

② 将切好的食材倒入一个大碗中，放入干淀粉拌匀。

③ 用小勺子将黄瓜段中间部分挖去，不要挖穿，将拌好的食材填入黄瓜段，压实。

④ 备好电蒸锅烧开，放入黄瓜段蒸约 8 分钟后取出；热锅中注水烧开，放入盐、鸡粉、水淀粉、芝麻油，搅拌片刻，浇在黄瓜段上撒上葱花即可。

菠萝黄瓜沙拉

材料 菠萝肉 100 克，圣女果 45 克，黄瓜 80 克，沙拉酱适量

做法

① 将洗净的黄瓜切开，再切薄片；洗好的圣女果对半切开；备好的菠萝肉切小块。

② 取一大碗，倒入黄瓜片，放入圣女果。

③ 撒上菠萝块，快速搅匀，使食材混合均匀。

④ 另取一盘，盛入拌好的材料，摆好盘，最后挤上沙拉酱即可。

Tips:

★菠萝块最好用淡盐水浸泡一会，菜肴的口感会更好。

★削菠萝皮时要戴手套做好防护措施，避免痒手。

葱

如何选购葱

购买葱时，可根据外形、颜色来判断葱的质量的好与坏。

观外形： 选葱白粗细匀称、硬实无伤的大葱，不要选过于粗壮或纤细的大葱，比大拇指稍微粗些正好。

看颜色： 葱叶颜色以青绿的为好。

葱的清洗与保存

葱不宜直接用清水清洗，因为上面很可能有农药、化肥残留，比较合理的方法是用淘米水浸泡清洗。

1. 葱放在盆中，先用流水冲洗。

2. 盆中注满水后，将葱浸在水中，将表面污渍清洗干净，将葱的根部摘除。

3. 将葱放在流动水下，搓洗尾部，择去老叶。

4. 将葱浸泡在淘米水中 10 ~ 15 分钟，用流动水冲洗几遍，沥干水即可。

葱在烹调中的灵活运用

一般情况，葱加工的形状应与主料保持一致，葱的形状应该稍小于主料，但也要视原料的烹调方法而灵活运用。

如“红烧鱼”要求将葱切段与鱼同烧；“干烧鱼”要求将葱切末和配料保持一致；“清蒸鱼”只需把整葱摆在鱼上，待鱼熟拣去葱，只取葱香味；“氽鱼丸”要求把葱浸泡在水里，只取葱汁使用，以不影响鱼丸色泽；“烧鱼汤”一般是把葱切段，油炸后与鱼同炖，因为经油炸过的葱，香味很浓，可去除鱼腥味；汤烧好后去葱段，其汤清亮不浑浊；葱茸泥或葱汁，主要用于凉菜和冷盘的味汁调配，用以获得清香的葱油味。

葱的“好搭档”

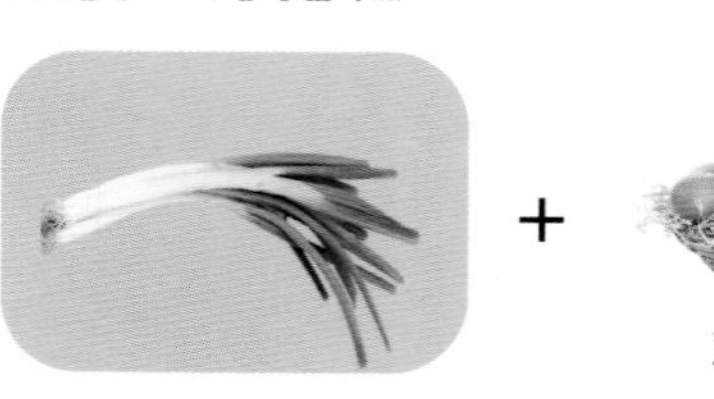

\+

鸡蛋

羊肉

蚕豆

牛肉

葱爆羊肉卷

材料 羊肉卷200克，大葱70克，香菜30克，料酒、生抽、盐、水淀粉、蚝油、鸡粉、食用油、胡椒粉各适量

Tips:

★汆煮羊肉的时候可以淋点儿料酒，口感会更鲜嫩。

★羊肉卷不宜久炒，喜欢辣味者可多放点辣椒。

做法

① 洗净的羊肉卷切成条；洗净的大葱切小块。

② 取一个碗，倒入羊肉，加入料酒、胡椒粉、水淀粉和少量的盐、生抽，搅拌匀，腌渍10分钟。

③ 锅中注水烧开，倒入腌渍好的羊肉，汆去杂质，将羊肉捞出，沥干水分。

④ 用油起锅，倒入大葱、羊肉，翻炒出香味，放入蚝油、生抽，翻炒均匀，再加入盐、鸡粉，翻炒至入味，倒入香菜，翻炒片刻至熟即可。

葱爆牛肉

材料 大葱100克，牛肉200克，蛋清10毫升，生粉、姜丝、盐、鸡粉、料酒、生抽、胡椒粉、食用油各适量

做法

① 处理好的大葱切段；洗净的牛肉切片，加少量的盐、鸡粉和料酒、胡椒粉、蛋清、生粉，腌渍10分钟。

② 注少量油起油锅，放牛肉，炸转色，捞出。

③ 热锅注油烧热，放姜丝，爆香，加葱段、牛肉，翻炒片刻。

④ 放入生抽、盐、鸡粉，炒熟盛出即可。

Tips:

★牛肉过油时间不宜过长，以免影响口感。

★这是一道爆炒菜，炒的时候一定要大火急炒，牛肉炒老了不好吃。

如何选购生姜

买生姜时，可根据外形、气味、硬度来判断其品质。

观外形： 挑选生姜时别挑外表太过干净的，表面平整就可以了。选购嫩姜时，要选芽尖细长的。中心部位肥胖的，中看不中吃，丝毫没有嫩姜清脆、爽口的特点。

闻气味： 可用鼻子闻一下，若有淡淡的硫黄味，千万不要买。

摸硬度： 用手捏，要买肉质坚挺、不酥软、姜芽鲜嫩的。

烹调中姜的选用

1. 作为配料的姜，多选用新姜，一般切成丝、片等。如姜丝炒肉要选用新姜与青红辣椒丝、肉丝同炒。

2. 在炖、焖、煨、烧、煮等烹调方法中，一般选用加工成块状或片状的老姜，主要是取其味，菜烧好后弃去。

3. 把姜切成米粒状，则称姜米。姜米入菜或做调料，具有起香增鲜的功效。如吃螃蟹、松花蛋的调料中，就要加入姜米。

4. 水产、肉类、蛋类腥膻味较浓，既要去腥增香，又不便与姜同烹，如鱼丸、虾球、肉丸、鸡茸等，就需要用姜汁来烹调。

如何清洗生姜

生姜表面凹凸不平，仅用清水难以清洗干净，可采用搓洗法。

1. 将生姜放进大碗里，加入适量的清水。

2. 一手握住生姜，另一只手用洗碗布搓洗。

3. 把生姜放在水龙头下冲洗，沥干即可。

姜的“好搭档”

+ 鸡肉

猪脚

鸭肉

大枣

姜汁蒸鸡

材料 鸡块300克，豌豆苗60克，姜汁、葱花、盐、鸡粉、生抽、料酒、水淀粉、芝麻油各适量

Tips:
★豌豆苗焯煮的时间不宜太长，以免营养流失，降低食用价值。
★此菜由于性温热，阴虚内热者不宜食用过多。

做法

① 鸡块装碗，加料酒、姜汁、盐，拌匀，腌渍一会儿；豌豆苗焯水断生后捞出，沥干水分。
② 将腌好的鸡块装入蒸碗中，摆好造型，放入电蒸锅蒸至食材熟透，取出放凉后倒扣在盘中，再围上焯熟的豌豆苗。
③ 锅中注水煮沸，加入鸡粉、生抽、水淀粉、芝麻油，调成味汁，浇在蒸好的菜肴上，撒上葱花即可。

姜丝蒸冬瓜

材料 冬瓜250克，葱段10克，姜丝5克，盐2克，食用油适量

做法

① 洗净的冬瓜去皮，切成片待用。
② 将冬瓜片围着盘子整齐地摆成一圈，剩余的摆在中间。
③ 将姜丝、葱段摆上去，再撒上盐，淋上食用油。
④ 备好蒸锅烧开，将冬瓜放入蒸煮10分钟，待蒸汽散去，将冬瓜取出即可食用。

Tips:
★冬瓜切片的时候最好厚薄均匀，会更好入味。
★喜欢辣味者，可加少许辣椒酱。

橙子

如何选购橙子

买橙子时，根据外观、颜色、重量、硬度等可以判断其品质优劣。

观外形：以大、中个头的橙子质量较好，果肉营养充足，味道鲜甜。基本上，优质的橙子表皮的皮孔相对较多，用手摸起来会觉得手感粗糙。

看颜色：品质优良的橙子，皮橙黄、光滑、新鲜、清洁。也可以用纸擦一擦，如果是好的橙子，可以发现纸的颜色不会有什么变化；如果是处理时加了色素的橙子，一擦皮就会褪色，纸也会沾上颜色。

掂重量：用手掂一掂，单个橙子重的水分多，好吃；轻的水分少，不好吃。

摸硬度：用手轻压表皮，弹性好说明皮层轻薄，果肉饱满，好吃一些。也可以看表皮的结构，细致的皮薄，粗糙的皮厚。

剥橙子的两种方法

1. 取一个橙子，将外皮洗净，在中间划开一圈，注意不要划得太深，把勺子沿刚才划开的缝插进橙子中，然后一点一点把橙子肉和皮分开。注意千万别把勺子往橙肉里扎。

2. 将橙子头尾切去，用刀从中间把皮切断，不要切到橙肉，将橙子展开，然后再稍作整理，橙肉就会“排排坐”，等你来享用！

饱腹一顿大餐，用橙子解解油腻

橙子中富含有机酸，有促进消化的作用，再加上大量的纤维素和维生素，可以帮助食物消化，促进排便，将人体内部积聚的毒素排出体外。食用过于油腻的食物后，适量吃些橙子能大大缓解肠胃不适。

橙子的“好搭档”

+

排骨

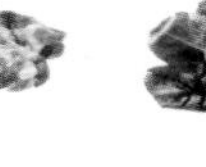

菠菜

蓝莓

柠檬

橙香蓝莓沙拉

材料 橙子60克，蓝莓50克，葡萄50克，酸奶50克，橘子50克

Tips:
★可以根据自己的喜好，加入其他调味品，如白糖或蜂蜜。
★搅拌时一定要搅匀，食材用量要适量。

做法

① 洗净的橙子切片；洗好的橘子对半切开；洗净的葡萄对半切开；洗净蓝莓，待用。
② 取一碗，放入橘子、葡萄、蓝莓，拌匀。
③ 取一盘，摆放上切好的橙子片。
④ 倒入拌好的水果，浇上酸奶即可。

橙香果仁菠菜

材料 菠菜130克，橙子250克，松子仁20克，凉薯90克，橄榄油5毫升，盐、白糖、食用油各少许

做法

① 洗净去皮的凉薯切碎；择洗好的菠菜切碎；洗净的橙子切厚片；取一个盘子，摆上橙子。
② 锅中注水烧开，倒入凉薯、菠菜，焯煮断生后捞出，过凉水后捞出；松子仁用油炒香后盛出。
③ 将放凉的食材装入碗中，倒入松子仁，加入盐、白糖、橄榄油，搅拌匀，装入盘中，放在橙子片上即可。

Tips:
★炸松仁的时候不要炸得过久，以免发苦。
★这道菜非常清淡健康，而且营养非常不错，有兴趣者不妨一试。

苹果

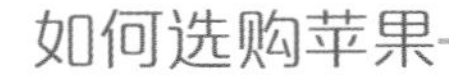

如何选购苹果

购买苹果时，根据外观、颜色、气味、重量等可以判断其品质优劣。

观外形：外观上要选择形状比较圆的、均匀的，这样的苹果好看又好吃。

看颜色：从颜色上要挑选红色发黄的，这样的是熟果。不要选择红色发青的，这样的是生果。

闻气味：苹果熟了以后会散发出香味，购买时可以闻下苹果的香味。

掂重量：可以把苹果放在手里面掂一下重量，感觉沉甸甸的，那表明水分多，水多才好吃。

清洗苹果的小窍门

1. 苹果过水浸湿后，在表皮放点盐，抹匀后用双手来回揉搓，表面的脏东西很快就能搓干净，然后再用水冲干净，就可以放心吃了。

2. 准备一个小盆，放入适量淀粉或面粉，兑入适量清水拌匀，放入苹果清洗即可。

3. 将牙膏挤在苹果表面，用手揉搓苹果，把牙膏搓匀，将苹果放在流水下冲洗，沥干水分即可。

防止苹果变色的方法

食用前，将切好的苹果浸在装满水的容器里，这样能避免苹果切面长时间接触氧气。在苹果切面上涂满糖浆、蜂蜜，用砂糖覆盖苹果切面表层等，也有同样效果。这些都可制造出苹果组织与空气隔离的隔离膜，更重要的是，抑制了氧元素在苹果细胞中的扩散。阻止了氧元素，便使其不能与多酚氧化酶、植物细胞内含有的铁元素相接触，防止了氧化变色。

苹果的“好搭档”

+

土豆

银耳

山楂

鸡爪

芡实苹果鸡爪汤

材料 鸡爪6只，苹果1个，芡实50克，花生15克，蜜枣1颗，胡萝卜丁100克，盐3克

Tips:
★焯煮鸡爪的时候可以加入适量生姜，这样去腥的效果更好。
★此款汤品具有美容养颜的作用，非常适合女性朋友食用。

做法

① 锅中注水烧开，倒入洗净去甲的鸡爪，焯约1分钟至去除腥味和脏污，捞出放入凉水中。
② 砂锅中注入适量清水，倒入泡好的芡实、过完凉水的鸡爪。
③ 放入胡萝卜丁，加入蜜枣、花生，拌匀，煮至食材熟软，去除浮沫。
④ 倒入切好的苹果，拌匀，续煮至食材入味，加入盐，拌匀即可。

牛肉苹果丝

材料 牛肉丝150克，苹果150克，生姜15克，盐3克，鸡粉2克，料酒5毫升，生抽4毫升，水淀粉3毫升，食用油适量

做法

① 洗净的生姜切薄片，再切成丝；洗好的苹果切成厚片，去核，切成丝。
② 将牛肉丝装入盘中，加入1克盐、3毫升料酒、水淀粉，拌匀，淋入少量食用油，腌渍入味。
③ 热锅注油，倒入姜丝、牛肉丝，翻炒至变色。
④ 淋入2毫升料酒、生抽，放入2克盐、鸡粉，倒入备好的苹果丝，快速翻炒均匀即可。

Tips:
★苹果切好后最好立刻炒制，以免氧化变黑。
★炒牛肉用牛里脊肉是最好的。

香蕉

如何选购香蕉

买香蕉时，判断成熟度很重要，可以根据外观、颜色、硬度等方面来判断。

观外形：一般香蕉的外皮是完好无损的，如果有损烂，就影响食用了。另外，看外皮的话，可能会发现香蕉的外皮有黑点，这个是比较正常的，只要没有烂的地方，都是适合食用的。

看颜色：看香蕉的颜色，皮色鲜黄光亮，两端带青的为成熟适度果；果皮全青的为过生果；果皮变黑的为过熟果。

摸硬度：用两指轻轻捏果身，富有弹性的为成熟适度果；果肉硬结的为过生果；易剥离的为过生果；剥皮连带果肉的为过熟果。

牢记吃香蕉三大禁忌

1. 未熟透的香蕉易致便秘：生香蕉含有大量的鞣酸，具有非常强的收敛作用，可以将粪便结成干硬的粪便，从而造成便秘。

2. 过量吃香蕉可引起矿物质比例失调：香蕉中含有较多的镁、钾等元素，这些矿物质元素虽是人体健康所必需的，但若在短时间内一下子摄入过多，就会引起血液中镁、钾含量急剧增加，造成体内钾、钠、钙、镁等元素的比例失调。

3. 忌空腹食用香蕉：香蕉中含有大量的钾、磷、镁，大量摄入钾和镁可使体内的钠、钙失去平衡，对健康不利。

香蕉的储存

香蕉不宜保存，容易腐坏，保存时一定要选择合适的方法。香蕉先用清水冲洗几遍，用干净的抹布将水分擦干，用几张旧报纸将香蕉包裹起来，放到室内通风阴凉处，或直接将整串香蕉悬挂起来，同样能延长保存时间。

香蕉的“好搭档”

+

牛奶

火龙果

鸡蛋

紫甘蓝

橘子香蕉沙拉

材料 去皮香蕉 200 克，去皮火龙果 200 克，橘子瓣 80 克，石榴子 40 克，柠檬 15 克，去皮苹果 80 克，沙拉酱 10 克

Tips:

★由于是直接食用，食材要清洗干净，最好在淡盐水中浸泡片刻。

★此款沙拉水果比较多，自己可酌情增减。

做法

① 香蕉对半切开，切成条状，改切成丁；火龙果切块；苹果切块。

② 取一碗，放入苹果、香蕉、火龙果、石榴子，挤入柠檬汁，用筷子搅拌均匀。

③ 取一盘，摆放上橘子瓣，倒入拌好的水果，挤上沙拉酱即可。

芒果香蕉蔬菜沙拉

材料 芒果 135 克，香蕉 70 克，紫甘蓝 60 克，生菜 30 克，圣女果 25 克，黄瓜 75 克，紫葡萄 50 克，胡萝卜、沙拉酱各适量

做法

① 将洗净的生菜切细丝；去皮洗净的胡萝卜切片，改切成丝。

② 洗净的黄瓜切条形，去瓤，再切块；香蕉去皮，将果肉切段。

③ 洗净的芒果取果肉切块；洗净的紫甘蓝切丝。

④ 取一个大碗，倒入切好的食材，放入备好的紫葡萄、圣女果，摆放好，挤上沙拉酱即成。

Tips:

★生菜最好切得细些，这样口感更佳。

★黄瓜最好去皮后食用。

草莓

如何选购草莓

买草莓时，根据外观、颜色、气味等可以判断其品质优劣。

观外形：选择心形、大小一致的草莓。宜挑选蒂头叶片鲜绿、有细小绒毛，表面光亮、无损伤腐烂的。不要选择太大的和过于水灵的或长得奇形怪状的畸形草莓。造词看草莓上的籽，白色的是自然成熟的；如果籽是红色的，那么就是染色草莓。

看颜色：应该尽量挑选全果鲜红均匀、色泽鲜亮、有光泽的。不宜选购未全红的果实或半红半青的。

闻气味：自然成熟的草莓会有浓厚的果香，而染色草莓没有香气或有淡淡的青涩气。

食用草莓注意事项

1. 不买畸形草莓。有些草莓色鲜个大，颗粒上有畸形凸起，咬开后中间有空心。这种畸形莓往往是在种植过程中滥用激素造成的，长期大量食用这样的果实，可损害人体健康。

2. 由于草莓是低矮的草茎植物，虽然是在地膜中培育生长的，但在生长过程中还是容易受到泥土和细菌的污染，所以食用草莓一定要清洗干净。

草莓这样清洗

清洗草莓，可用淘米水。草莓不要去叶头，放入水中浸泡 15 分钟，如此可让大部分农药随着水溶解。而后将草莓去叶子，用淡盐水或淘米水浸泡 10 分钟左右，去蒂，清洗干净即可。

洗草莓时不要把草莓蒂摘掉，去蒂的草莓若放在水中浸泡，残留的农药会随水进入果实内部。也不要用洗涤灵等清洁剂浸泡草莓，这些物质很难清洗干净，容易残留在果实中，造成二次污染。

草莓的“好搭档”

+

百合

樱桃

土豆

猕猴桃

草莓猕猴桃沙拉

材料 草莓8个（70克），猕猴桃1个（80克），橙子半个（80克），西生菜50克，沙拉酱适量

Tips:
★若觉得猕猴桃味道酸，可以加入适量的蜂蜜调和一下。
★西生菜尽量切细点，口感会更好。

做法

① 洗净的橙子切片；洗净的猕猴桃切厚片，去皮，改切成小块；洗净的草莓去蒂，切成小块；洗净的西生菜切成细条。
② 往备好的碗中倒入少量沙拉酱，放上部分猕猴桃、草莓，充分拌匀。
③ 取一个鸡尾酒杯，将西生菜垫底，放上拌好的水果，再用剩下的水果铺放在上面，插上橙子片作为点缀，挤上沙拉酱即可。

草莓土豆泥

材料 草莓35克，土豆170克，牛奶50毫升，黄油、奶酪各适量

做法

① 将洗净去皮的土豆切成薄片；洗好的草莓去蒂，切成薄片，剁成泥。
② 蒸锅注水烧开，放入土豆片，在土豆片上放入黄油，用中火蒸10分钟。
③ 取出蒸好的食材，放凉，把土豆片倒入碗中，捣成泥状，放入奶酪，搅拌均匀。
④ 注入牛奶，取一个小碗，盛入拌好的材料，点缀上草莓泥即可。

Tips:
★黄油的脂肪含量较高，因此不宜多放。
★土豆一定要蒸熟透后再食用。

Chapter 3

浓淡总相宜，肉类永远能给你惊喜

说到烹饪食材，自然少不了肉类，这是人们最普遍接受并喜爱的食物，肉类营养丰富，烹调方式也多种多样，配以不同的佐料和配菜，能变换出各式美味。

猪肉

煮猪肉的诀窍

1. 肉块要切得大些。猪肉内含有可溶于水的呈鲜含氮物质，炖猪肉时其释出越多，肉汤味道越浓，肉块的香味会相对减淡，因此炖肉的肉块切得要适当大些，以减少肉内呈鲜物质的外逸，这样肉味可比小块肉鲜美。

2. 不要用旺火猛煮。一方面是肉块遇到高热，肌纤维会变硬，肉就不易煮烂；另一方面是肉中的芳香物质会随猛煮时的水汽蒸发掉，香味减少。

3. 在炖煮中，少加水，以使汤汁滋味醇厚。

猪肉各部位最适合的烹饪方法

1. 里脊肉：是脊骨下面一条与大排骨相连的瘦肉。肉中无筋，是猪肉中最嫩的肉，可切片、切丝、切丁，做炸、熘、炒、爆之用最佳。

2. 臀尖肉：位于臀部的上面，都是瘦肉，肉质鲜嫩，一般可代替里脊肉，多用于炸、熘、炒。

3. 坐臀肉：位于后腿上方，臀尖肉的下方臀部，全为瘦肉，但肉质较老，纤维较长，一般多作为白切肉或回锅肉用。

4. 五花肉：为肋条部位的肉，是一层肥肉、一层瘦肉夹起的，适于红烧、白炖和粉蒸等用。

5. 梅花肉：肩里脊肉靠胸部的部位，肉质纹路是沿躯体走向延展的，因此筋肉之间附着有细细的脂肪，常见取来做叉烧肉或是煎烤都风味十足。

6. 前排肉：又叫上脑肉，是背部靠近脖子的一块肉，肥瘦相间，肉质较嫩，适于做米粉肉、炖肉用。

7. 肘子：南方称蹄髈，即腿肉。结缔组织多，质地硬韧，适于酱、焖、煮等。

猪肉的“好搭档”

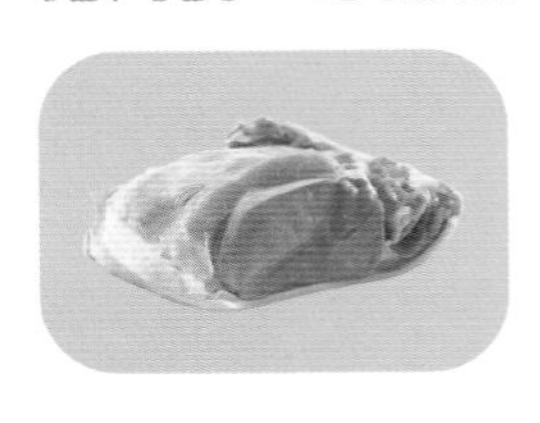

+

土豆

香菇

胡萝卜

黑木耳

猪肉炖豆角

材料 五花肉200克，豆角120克，姜片、蒜末、葱段各少许，盐2克，鸡粉2克，白糖4克，南乳5克，水淀粉、料酒、生抽、食粉、老抽各适量

Tips:
★豆角不宜焖煮太久，以免过于熟烂，影响其脆嫩的口感。

做法

① 洗净的豆角切段；锅中注水烧开，加入食粉，放入豆角，煮至七成熟，捞出。
② 烧热炒锅，放入五花肉，炒出油，放入姜片、蒜末，加南乳，淋入料酒，加入白糖，炒匀。
③ 放入生抽、老抽，炒匀，倒入适量清水，加鸡粉、盐，翻炒匀，焖至五花肉熟烂。
④ 放入豆角，焖至全部食材熟透，倒入水淀粉勾芡，放入少许葱段，炒出葱香味即可。

猪肉杂菜盖饭

材料 菠菜、香菇各60克，水发粉条65克，去皮胡萝卜、白萝卜各80克，热米饭90克，猪肉丝65克，葱段少许，盐2克，水淀粉5毫升，芝麻油5毫升

做法

① 洗净的菠菜切长段；去皮白萝卜、胡萝卜洗净切细条；洗净的香菇切成条。
② 肉丝中加1克盐、水淀粉，拌匀，腌渍至肉质细嫩；将菠菜段、香菇条焯至断生，捞出沥干。
③ 另起锅，倒入清水烧热，放白萝卜条、胡萝卜条、葱段煮至水开，倒入腌好的肉丝，煮至肉丝转色。
④ 放入粉条、香菇条煮至粉条变软，放菠菜段稍煮，淋芝麻油，加1克盐调味，盛出盖在米饭上即可。

Tips:
★腌渍猪肉时可加入少许胡椒粉，味道会更香。

猪肝

如何选购猪肝

买猪肝时，根据猪肝的外形、颜色、硬度等可以判断出其品质优劣。

观外形： 有的猪肝表面有菜籽大小的小白点，这是致病物质侵袭肌体后，肌体保护自己的一种肌化现象。把白点割掉仍可食用，如果白点太多就不要购买。

看颜色： 表面有光泽，颜色紫红均匀的是正常猪肝。

摸硬度： 感觉有弹性，无硬块、水肿、脓肿的是正常猪肝。

猪肝的烹饪禁忌

因为猪肝是猪体内最大的毒物中转站和解毒器官，所以买回的鲜猪肝不要急于烹调。应把猪肝在流动水下冲洗 15 分钟，然后在水中浸泡 30~40 分钟。

烹调时间不要太短，至少应该在大火中炒 5 分钟以上，要煮至全熟，变成灰褐色，或在煮汤时多煮一会。

猪肝的切法

猪肝改刀后既便于烹饪入味，又便于夹取食用。切法主要为切片和切条。

1. 切片： 先将猪肝切成几块，改切成片，将切好的猪肝片装入盘中，备用即可。

2. 切条： 取洗净的猪肝一个，从中间切开，一分为二。取其中一块，从中间用平刀切开。再取其中的一片猪肝，从中间切一刀，一分为二。把切开的两块分开，取其中一块展平放好。用直刀将猪肝切条。把余下的猪肝切成条即可。

猪肝的“好搭档”

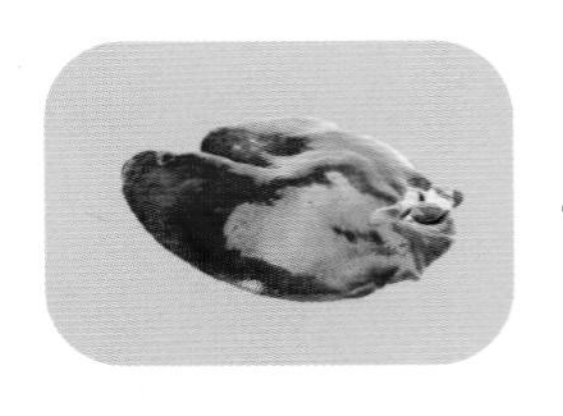

+

洋葱

菠菜

韭菜

红枣

红枣蒸猪肝

材料 猪肝200克，红枣40克，枸杞10克，葱花3克，姜丝5克，盐2克，鸡粉3克，生抽8毫升，料酒5毫升，干淀粉15克，食用油适量

Tips:
★猪肝片最好切得薄一些，蒸熟后口感更脆嫩。
★猪肝常有一种特殊的异味，烹制前先要用水将肝血洗净。

做法

① 洗净的红枣切开去核；洗好的猪肝切片。
② 猪肝中加入料酒、生抽、盐、鸡粉、姜丝、干淀粉、食用油，拌匀，腌渍约10分钟。
③ 取一蒸盘，放入腌渍好的猪肝，放上红枣、枸杞，摆好造型。
④ 备好电蒸锅，烧开水后放入蒸盘，蒸至食材熟透，取出蒸盘，趁热撒上葱花即可。

洋葱猪肝炒面

材料 切面120克，猪肝240克，豆芽75克，洋葱45克，香葱段少许，盐、鸡粉生抽、老抽、料酒、水淀粉、食用油各适量

做法

① 洋葱洗净切片；处理干净的猪肝切片，加少量盐、料酒、水淀粉，拌匀，腌渍入味。
② 锅中注水烧开，放切面煮至熟软，捞出沥干水分。
③ 热锅注少量油烧热，倒入猪肝拌匀，捞出沥干油。
④ 锅内放适量食用油，放切面炒匀，倒入豆芽、洋葱炒至变软，倒入猪肝炒香，加盐、生抽、老抽、鸡粉炒匀调味，盛出后放香葱段即可。

Tips:
★猪肝在烹制前用水淀粉腌渍一下口感更佳。
★也可以先把调料兑在一个小碗里，这样不会手忙脚乱，避免猪肝炒老。

猪肚

如何选购猪肚

买猪肚时，根据外形、颜色、气味可以判断出其品质优劣。

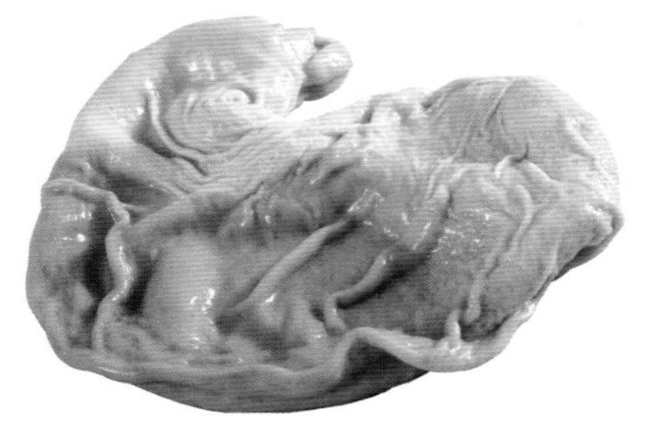

观外形： 猪肚应看胃壁和胃的底部有无出血块或坏死的发紫、发黑组织，如果有较大的出血块就是病猪肚。

看颜色： 挑选猪肚应看色泽是否正常。新鲜的猪肚富有弹性和光泽，白色中略带浅黄色，黏液多，质地坚而厚实；不新鲜的猪肚白中带青，无弹性和光泽，黏液少，肉质松软，如将肚翻开，内部有硬的小疙瘩，不宜选购。

闻气味： 闻有无臭味和异味，若有，就是病猪肚或变质猪肚，这种猪肚不要购买。

如何清洗猪肚

1. 白醋生粉清洗法： 将猪肚放在盆里，加入适量的白醋，再加适量生粉，用手揉搓、抓洗猪肚。将猪肚内翻外，在白醋和生粉中清洗后，再放在流水下冲洗。将猪肚内外冲洗干净，沥干水分备用。

2. 碱水清洗法： 将猪肚放在盆里，加适量碱，注入清水搅匀，浸泡15～20分钟，用手揉搓、抓洗猪肚。然后用小刀在猪肚的内膜处轻轻切一刀，将猪肚的内膜刮除干净。用清水冲洗净，沥干即可。

猪肚这样炒既不韧又不烂

1. 先卤后炒法： 卤制可以去除猪肚和肥肠的韧性，同时还能让猪肚和肥肠提前入味。卤猪肚的时候不要加盐，因为猪肚遇到盐容易收缩，很快就会变得韧如橡皮筋。

2. 先焯后炒法： 焯水也是炒猪肚或猪大肠常用的方法，这种方法比先卤后炒法稍有难度，关键就是要掌握好焯水的时间和火候。

3. 直接生炒法： 它对火候的要求极为严格，总的来说就是必须大火爆炒。

猪肚的“好搭档”

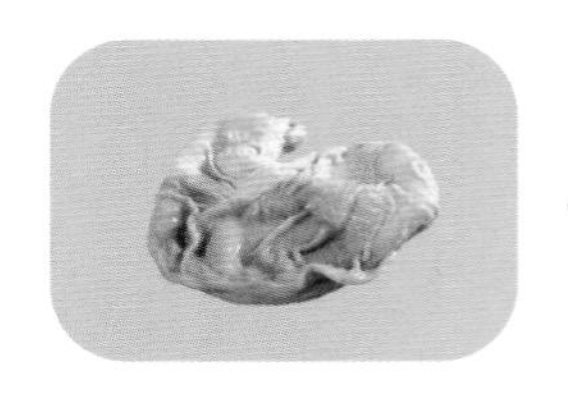

+

鸡肉

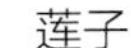

莲子

山药

酸菜

腰果炒猪肚

材料 熟猪肚丝200克，熟腰果150克，芹菜70克，红椒60克，蒜片、葱段各少许，盐2克，鸡粉3克，芝麻油、料酒各5毫升，水淀粉、食用油各适量

Tips:

★熟猪肚入锅后宜用大火快炒，以免炒太久影响口感。

★生腰果先用清水泡10~15分钟，再用油炒香，不易烧焦。

做法

① 洗净的芹菜切小段；洗好的红椒切开，去籽，切成丝。

② 油爆蒜片、葱段，放入猪肚丝，淋入料酒，炒匀。

③ 注入清水，加入红椒丝、芹菜段，炒匀，加入盐、鸡粉，炒匀。

④ 倒入水淀粉、芝麻油，炒至食材入味，盛出炒好的菜肴，装入盘中，加入熟腰果即可。

猪肚煲鸡

材料 鸡肉块300克，猪肚240克，香菇70克，党参20克，玉竹15克，水发糯米60克，姜片、葱段各少许，盐2克，鸡粉2克，胡椒粉4克

做法

① 洗净的香菇去蒂，再切条；锅中注水烧开，倒入鸡肉块，汆煮去除血水，捞出。

② 将洗净的猪肚倒入沸水中，汆煮片刻，捞出放凉，切成粗条。

③ 砂锅中注水烧热，倒入鸡肉块、猪肚条、党参、玉竹，再加入姜片、葱段、糯米，搅拌片刻，大火煮至沸腾。

④ 放入香菇，搅拌匀，炖1小时至熟透，加入盐、鸡粉、胡椒粉，搅拌调味即可。

Tips:

★煮猪肚时，千万不能先放盐，应等煮熟后吃时再放盐，否则猪肚会收缩得像牛筋一样硬。

猪大肠

猪大肠的选购与储存

质量好的猪大肠，颜色呈白色，黏液多，异味轻；色泽稍暗，有青有白，黏液少，异味重的质量不好。

将猪大肠处理干净后，用保鲜膜包好，放入冰箱冷藏，食用前取出，自然解冻即可。

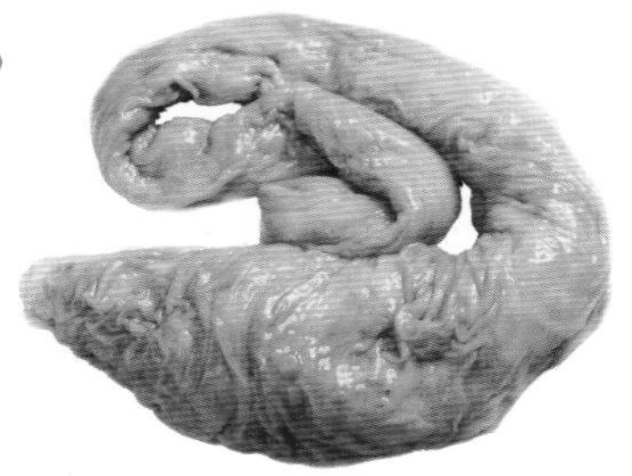

猪大肠的切法

猪大肠改刀后既便于烹饪入味，又便于夹取食用，而且好的造型还能增加食欲。猪大肠的切法主要有切滚刀块、切圈、切段、切条等。

1. 切滚刀块： 取一段洗净的猪肠，从一端开始斜切小块。边滚动，边斜切，将猪肠斜切成同样的小块即可。

2. 切圈： 取一段洗净的猪肠，从一端开始改刀。将猪肠切成圈状，将猪肠切成同样的圈状即可。

3. 切段： 将猪大肠平放在砧板上，用直刀法改刀。把猪大肠切成段，将切好的猪大肠静置备用。

4. 切条： 取一条洗净的猪肠，切成两段。取其中一段，纵向剖开。将猪肠切开，成大块。将大块猪肠展平，准备纵向切条。将猪肠切成条，将猪肠切成同样大小的条状即可。

如何清洗猪大肠

1. 淘米水清洗法： 猪大肠放入盆中，加入适量的盐，再倒入白醋，搅拌后浸泡几分钟。将猪大肠翻卷过来，洗去脏物。将猪大肠捞出，放入干净盆中，倒入淘米水泡一会儿。在流动水下搓洗两遍即可。

2. 可乐清洗法： 将猪大肠放入盆中，倒入一罐可乐，静置几分钟，搅拌并抓洗均匀。再倒入淘米水，搓洗，放入水龙头下搓洗几遍。最后用清水冲洗干净，沥干即可。

猪大肠的“好搭档”

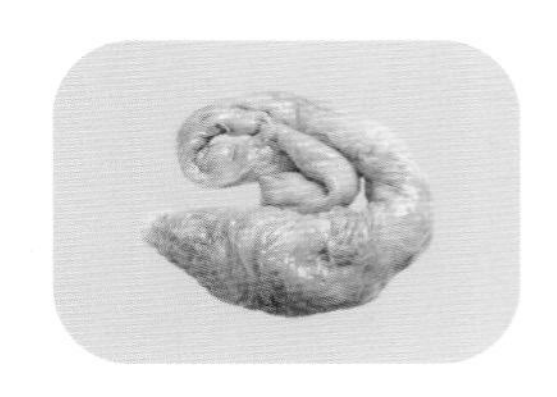

+

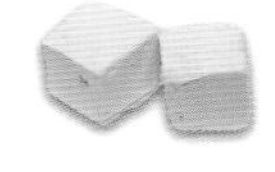

豆腐

洋葱

韭菜

土豆

青豆烧肥肠

材料 熟肥肠250克，青豆200克，泡朝天椒40克，姜片、蒜末、葱段各少许，豆瓣酱30克，盐2克，鸡粉2克，花椒油4毫升，料酒5毫升，生抽4毫升，食用油适量

Tips:
★切肥肠时可以将里面的油脂去掉，以免口感油腻。
★煮大肠的时间控制好，想吃软烂的可以借用高压锅。

做法

① 熟肥肠切成小段，将泡朝天椒切成圈。
② 热锅注油烧热，倒入泡朝天椒、豆瓣酱，炒香，倒入姜片、蒜末、葱段，翻炒片刻。
③ 倒入肥肠、青豆翻炒，淋料酒、生抽炒匀，加入清水，放盐调味，煮10分钟至入味。
④ 加入少许鸡粉、花椒油，翻炒提鲜，使食材更入味，将炒好的菜盛出装入盘中即可。

爆炒卤肥肠

材料 卤肥肠270克，红椒35克，青椒20克，蒜苗段45克，葱段、蒜片、姜片各少许，盐、鸡粉各少许，料酒3毫升，生抽4毫升，水淀粉、芝麻油、食用油各适量

做法

① 将洗净的红椒、青椒切开，去籽，切菱形片；备好的卤肥肠切小段。
② 锅中注水烧开，倒入卤肥肠，汆一会儿，去除杂质后捞出，沥干水分。
③ 油爆蒜片、姜片，倒入卤肥肠，炒匀炒香，淋上料酒、生抽，放入青、红椒片，炒匀。
④ 注入清水，加盐、鸡粉调味，水淀粉勾芡，放入蒜苗段、葱段炒香，淋上芝麻油炒匀即成。

Tips:
★卤肥肠的汆水时间不宜太长，以免影响成品的风味。汁不要收得太干，这样口感会滑腻一些。

猪蹄

如何选购猪蹄

买猪蹄时，根据外形、颜色、气味、硬度等可以判断出其品质优劣。

观外形：选购猪蹄时，要求其肉皮无残毛及毛根。

看颜色：猪脚肉皮色泽白亮并且富有光泽，肉色泽红润，肉质略透明。

闻气味：品质良好的猪蹄，有着猪肉特有的气味。

摸硬度：好的猪蹄质地紧密，富有弹性，用手轻轻按压一下能够很快地复原。

如何清洗猪蹄

猪蹄表面油腻，不易清洗，推荐下面的两种清洗方法。

1. 燎刮清洗法：猪蹄用火钳夹住，放在明火上烧，并不断转动，以便整只猪蹄的毛都能被火烧掉，然后将其放在案板上，用刀刃轻轻刮掉猪蹄表皮的黑色煳皮，再用清水冲洗干净即可。

2. 水煮法：猪蹄用清水洗净，用开水煮到皮发胀，然后取出，用指钳将毛拔除，再略为冲洗即可，省力省时。

猪蹄的烹饪技巧

1. 洗净猪蹄，用开水煮到皮发涨，然后取出，用指钳将毛拔除，省力省时。

2. 猪蹄带皮煮的汤汁最后不要浪费，可以煮面条，味道鲜美而且富含有益皮肤的胶质。

3. 猪毛多，可以将松香先烧熔，趁热泼在猪蹄上，待松香凉了，揭去，猪蹄随着也全脱了。

4. 猪蹄作为通乳食品进行食疗时，应少放盐，不放味精。

猪蹄的“好搭档”

+

花生

黄豆

莲藕

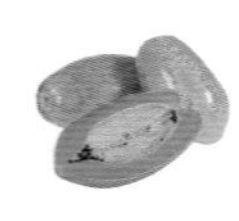

木瓜

花生焖猪蹄

材料 红枣5克，西蓝花280克，猪蹄块550克，花生90克，姜片、八角、桂皮各少许，料酒10毫升，盐4克，生抽、鸡粉、水淀粉、食用油各适量

Tips:
★花生可以油炸片刻，口感会更香。
★猪蹄在烹饪时要确保表面的毛被刮干净，这样皮才能吃。

做法

① 洗净的西蓝花切成小朵；锅中注火烧开，加入2克盐、少量食用油、西蓝花，汆至断生，捞出沥干。
② 将猪蹄块倒入，搅匀，汆去血水，将猪蹄块捞出，沥干水分。
③ 油爆八角、桂皮、姜片，倒入猪蹄块，炒匀，加入料酒、生抽、清水、花生、红枣，搅拌匀。
④ 加入2克盐调味，焖1小时至熟透，加入鸡粉、水淀粉，炒匀，盛入摆有西蓝花的盘中即可。

橙香酱猪蹄

材料 猪蹄块350克，八角、桂皮、花椒、姜片、橙皮丝、葱段、干辣椒各少许，冰糖、黄豆酱各30克，盐、鸡粉、料酒、生抽、老抽、食用油各适量

做法

① 锅中注水烧开，倒入猪蹄块汆片刻，捞出沥干。
② 用油起锅，倒入八角、桂皮、花椒爆香，放入姜片、葱段、干辣椒、冰糖、猪蹄块，炒匀。
③ 加入料酒、生抽，炒匀，注入适量清水，倒入黄豆酱，加入盐、老抽，煮至食材熟软。
④ 倒入橙皮丝，加入鸡粉，炒匀，大火翻炒约2分钟收汁，盛出炒好的菜肴，装入盘中即可。

Tips:
★如果没有橙子皮，可以用陈皮代替。
★煮的时候大火烧开后，一定要改小火慢炖，不然会结底。

牛肉

牛肉各部位最适合的烹饪方法

1. 颈肉： 脂肪少，红肉多，带些筋，肉质干实，肉纹较乱。其硬度仅次于牛的小腿肉，为牛身上肉质第二硬的部分，适宜制馅，炖、煮汤。

2. 肩肉： 由互相交叉的两块肉组成，纤维较细，口感滑嫩。油脂分布适中，但有点硬，肉也有一定厚度，所以能吃出牛肉特有的风味，可做涮牛肉，或切成小方块拿来炖或烤着吃。

3. 上脑一级： 牛脊背的前半段，筋少，肉质极为纤细、极嫩，有大理石花纹沉积。脂肪交杂均匀，有明显花纹。适合拿来做牛肉卷、牛排等。

4. 眼肉： 一端与上脑相连，另一端与外脊相连。外形酷似眼睛，脂肪交杂，呈大理石花纹状。肉质细嫩，脂肪含量较高，口感香甜多汁。这块肉适合涮、烤、煎。

5. 外脊： 也称沙朗，牛背部的最长肌，肉质为红色，容易有脂肪沉积，呈大理石斑纹状。我们常吃的沙朗牛排用到的就是这块肉。

6. 里脊特级： 也称牛柳或菲力，牛肉中肉质最细嫩的部位，大部分都是脂肪含量低的精肉，是运动量最少、口感最嫩的部位，常用来做菲力牛排及铁板烧。

7. 腱子肉： 分前腱和后腱，熟后有胶质感，适合红烧或卤、酱牛肉。

如何将牛肉炒得鲜嫩

1. 顺纹切条，横纹切片。
2. 将牛肉用酱油腌过，用淀粉或蛋清拌匀。
3. 在拌肉时加少许油，腌渍 1~2 小时，这样，油会渗入肉中，入油锅炒时，肉中的油会因膨胀将肉的粗纤维破坏，这样肉就鲜嫩了。
4. 炒牛肉时油要多、要热，火要大，牛肉炒七分熟即可，不要炒太久，以免太老。

牛肉的“好搭档”

+

土豆

胡萝卜

洋葱

西红柿

萝卜丝蒸牛肉

材料 白萝卜200克，牛肉150克，蒜蓉、姜蓉各5克，葱花2克，盐2克，辣椒酱5克，蒸鱼豉油8毫升，料酒8毫升，香油、生抽各适量

Tips:
★白萝卜切丝细一点，口感更好。
★牛肉加少许柠檬汁腌渍，更嫩滑。

做法

① 将洗净的白萝卜切丝，装入碗中，加盐，拌匀，腌渍一会儿，至其变软。
② 洗好的牛肉切丝装碗，加料酒、蒸鱼豉油、生抽、姜蓉、蒜蓉、香油、辣椒酱拌匀，腌渍约15分钟。
③ 取腌渍好的萝卜丝，去除水分，倒入牛肉，拌匀，再转到蒸盘中，摆好造型。
④ 放入电蒸锅蒸至食材熟透，取出蒸盘，趁热撒上葱花即可。

冬菜蒸牛肉

材料 牛肉130克，冬菜30克，洋葱末40克，姜末5克，葱花3克，胡椒粉3克，蚝油5克，水淀粉10毫升，芝麻油少许

做法

① 将洗净的牛肉切片，加蚝油、胡椒粉、姜末、冬菜、洋葱末、水淀粉、芝麻油，拌匀，腌渍一会儿。
② 转到蒸盘中，摆好造型，备好电蒸锅，烧开水后放入蒸盘。
③ 盖上盖，蒸约15分钟，至食材熟透。
④ 断电后揭盖，取出蒸盘，趁热撒上葱花即可。

Tips:
★蒸的时间不要太长，以防肉质变老。
★牛肉片可用刀背拍打几下后再进行腌渍，这样容易入味。

牛肚

如何选购牛肚

购买牛肚时，可以根据外形、颜色、气味、硬度等判断其品质的优劣。

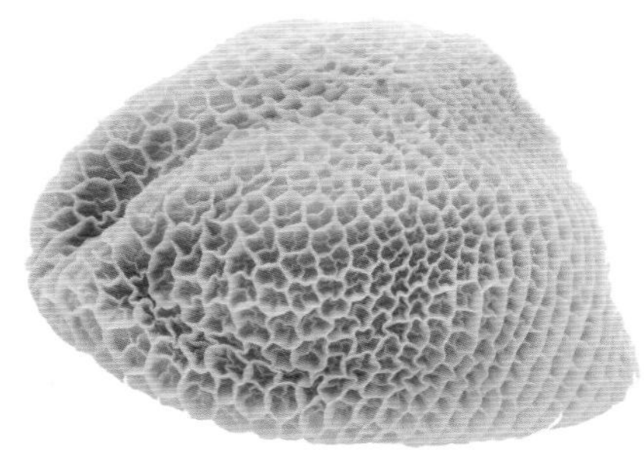

观外形： 正常的牛肚均匀且并不太厚，黏液较多，有弹性，组织坚实，无硬块，无硬粒。

看颜色： 上等的牛肚色白略带浅黄，呈自然的淡黄色。如果叶片厚肥，且颜色白净，通常是使用药水浸泡过的，是坚决不能选购的。牛肚呈淡黄色，说明牛是自然喂养长大的。另外还有一种牛肚是黑色的，说明这头牛更可能是人工饲料养大的，这种牛肚也不建议选购。

闻气味： 新鲜的牛肚气味正常，无异味，尤其是无腐臭味。

摸硬度： 触摸牛肚，组织有弹性、不糜烂、不僵硬的宜选购。

如何清洗牛肚

1. 淘米水清洗法： 将牛肚放进盆里，加入清水，再加入淘米水，搅匀。牛肚放在淘米水中浸泡 15~20 分钟，然后反复搓洗。再用清水把牛肚冲洗干净，沥干水分即可。

2. 盐醋清洗法： 将牛肚放在盆里，加入清水和适量的食盐、白醋，用手搅匀，浸泡 15 分钟左右。用双手反复揉搓牛肚，再用清水冲洗干净，沥干水分即可。

牛肚的切法

牛肚改刀后既便于烹饪入味，又便于夹取食用，而且好的造型还能增加食欲。牛肚的切法主要有切片、切丝等。

1. 切片： 取洗净的牛肚，一分为二地切开。取其中的一块，依次斜刀切成片即可。

2. 切丝： 取一块洗净的牛肚，将不规则的地方切掉。将整块牛肚切成同样大小的细丝即可。

牛肚的“好搭档”

+

白萝卜

香菜

洋葱

大白菜

红烧牛肚

材料 牛肚270克，蒜苗120克，彩椒40克，姜片、蒜末、葱段各少许，盐、鸡粉各2克，蚝油7克，豆瓣酱10克，生抽、料酒各5毫升，老抽6毫升，水淀粉、食用油各适量

Tips:
★牛肚洗时，用盐、醋擦洗，再用清水洗净。
★煮牛肚时间为1～2小时。

做法

① 洗净的蒜苗切段；洗好的彩椒切菱形块；处理干净的牛肚切薄片。
② 锅中注水烧开，倒入牛肚汆去异味捞出；油爆姜片、蒜末、葱段，倒入牛肚，加料酒炒匀提味。
③ 放入彩椒、蒜苗梗炒匀，加生抽、豆瓣酱炒香，注入清水，放入盐、鸡粉、蚝油，炒匀。
④ 淋入老抽调味，煮至食材入味，放入蒜苗，炒至变软，倒入水淀粉，炒至食材熟透即可。

西芹湖南椒炒牛肚

材料 熟牛肚200克，湖南椒80克，西芹110克，朝天椒30克，姜片、蒜末、葱段各少许，盐、鸡粉各2克，料酒、生抽、芝麻油、食用油适量

做法

① 洗净的湖南椒切小块；洗好的西芹切小段；洗净的朝天椒切圈；熟牛肚切粗条。
② 油爆朝天椒、姜片，放入牛肚，炒匀，倒入蒜末、湖南椒、西芹段，炒匀。
③ 加入料酒、生抽，注入适量清水，加盐、鸡粉，炒匀；加入芝麻油，炒匀，放入葱段，翻炒约2分钟至入味即可。

Tips:
★牛肚本身是煮熟的，所以烹炒时间不用太长。
★如果觉得味道太辣，可根据自身情况酌情减少湖南椒的用量。

羊肉

如何选购羊肉

买羊肉时，根据颜色、外观、气味可以判断其品质优劣。

观外形： 好的羊肉肉壁厚度一般在4~5厘米，有添加剂的一般2厘米左右。

看颜色： 一般无添加的羊肉色呈清爽的鲜红色，有质量问题的肉质呈深红色。

闻气味： 正常羊肉有一股很浓的羊膻味，有添加剂的羊肉膻味很淡且带有臭味。

羊肉烹饪技巧

1. 煮制羊肉时放数个山楂或一些萝卜、绿豆，可去膻味。

2. 炒羊肉时，油热后先用姜、蒜末炝锅，再倒入羊肉煸至半熟，放入大葱、酱油、料酒等煸炒几下，起锅时加入少许香油，这样炒熟后的羊肉味道鲜香，膻味全无。

3. 烧羊肉时放点橘皮、红枣等，不仅可以除膻，而且香喷喷的羊肉中还会夹有橘香、枣香。

4. 炖羊肉时用纱布包一点茶叶，与羊肉同煮，熟后将茶叶袋捞出，可除去膻味。

羔羊肉的羊骚味少

出生后未满一年的小羊羊肉叫作羔羊肉，成年羊的肉则叫作成羊肉。羔羊肉的特点在于比成羊肉嫩，骚味也很少。随着保存方式的不断进步，现在消费者能轻松买到产后4~6个月无骚味的羔羊肉，不用担心吃羊肉时的骚味问题。骚味来自于脂肪，因此要选择脂肪部位白皙，红色的地方没有发黑，带有光泽的产品。

羊肉的"好搭档"

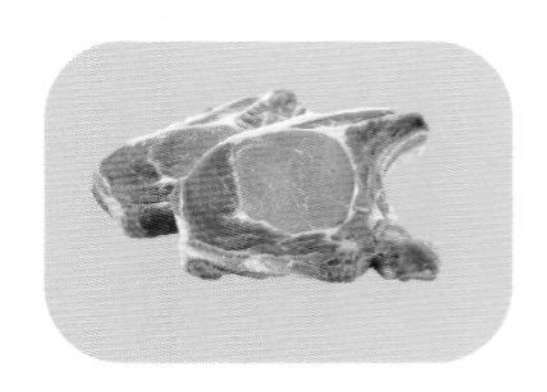

\+

白萝卜

山药

胡萝卜

洋葱

金针菇炒羊肉卷

材料 羊肉卷170克，金针菇200克，干辣椒30克，姜片、蒜片、葱段、香菜段各少许，料酒8毫升，生抽10毫升，盐4克，水淀粉、老抽、蚝油、鸡粉、白胡椒粉、食用油各适量

Tips:
★此菜需用大火快炒以防羊肉变老。
★可加入几片陈皮，提鲜，去羊膻味。

做法

① 洗净的羊肉卷切成片；洗净的金针菇切去根部。
② 羊肉片装入碗中，加入4毫升料酒、5毫升生抽、2克盐、白胡椒粉、水淀粉，拌匀，腌渍片刻。
③ 锅中注入清水烧开，倒入金针菇，搅匀，汆至断生，捞出，沥干水分；倒入羊肉片，搅匀，汆去杂质，捞出，沥干水分。
④ 用油起锅，倒入姜片、蒜片、葱段爆香，倒入干辣椒、羊肉片炒匀，放料酒、生抽、老抽、蚝油、金针菇翻炒，加盐、鸡粉、香菜段炒香即可。

丝瓜蒸羊肉

材料 丝瓜200克，羊肉400克，咸蛋黄1个，生粉25克，姜片、蒜末、葱段各少许，盐2克，料酒5毫升，胡椒粉、生抽、芝麻油、食用油适量

做法

① 洗净的丝瓜切成段；处理好的羊肉切成片，待用。
② 羊肉装入碗中，加盐、料酒、胡椒粉、生粉、食用油，腌渍入味。
③ 在盘底平铺上丝瓜，倒入羊肉，放上蒜末、葱段、姜片、掰碎的咸蛋黄块，待用。
④ 蒸锅注水烧开，放入菜肴，大火蒸25分钟取出，摆上葱段，淋上生抽、芝麻油，即可食用。

Tips:
★腌渍羊肉时调料要拌匀，多搅拌一些时间。
★制作时多放葱、姜也可去除膻味，或者放上几颗山楂、萝卜、绿豆也可去膻。

羊肝

如何选购羊肝

外观呈褐色、紫色的新鲜羊肝都为正常情况。手摸坚实无黏液，闻无异味者是好羊肝。颜色呈紫红，切开后有余血外溢，生有脓水疱的不要购买。

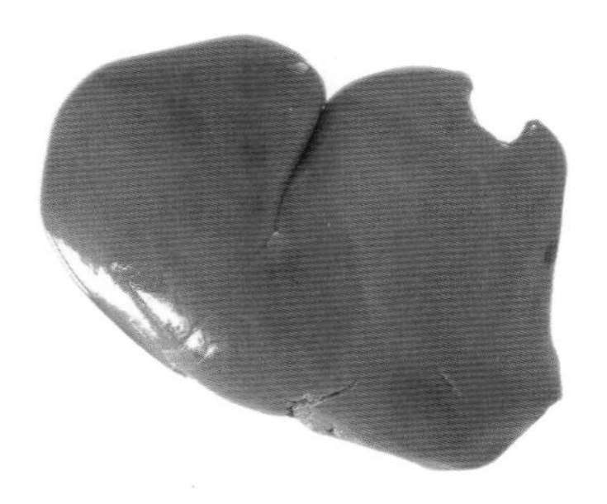

羊肝烹饪技巧

羊肝的烹调时间不能太短，至少应该在急火中炒 5 分钟以上，使肝完全变成灰褐色，看不到血丝才好。

如何清洗羊肝

羊肝中含有较多毒素，且容易携带细菌，烹制前应选择有效的清洗方法进行清洗。

1. 浸泡清洗法： 肝是体内最大的“毒物中转站”和解毒器官，应把肝放在自来水龙头下冲洗 10 分钟，然后浸泡 30 分钟。

2. 面粉清洗法： 羊肝先在清水中浸泡 10 分钟，然后撒上面粉，在表面轻轻揉搓，除去秽味，再用清水冲净即可。

羊肝如何保存

羊肝营养丰富、味道鲜美，但由于质地细腻而不易保鲜。为防止其变质，可采用以下方法来保存。

1. 冰箱冷藏法： 在肝外面涂上一层食用油，放进冰箱冷藏，可保持原色、原味，且不易干缩。

2. 豆油保存法： 生的或已煮熟切好的肝一时吃不完，用豆油将其涂抹搅拌，然后放入冰箱冷藏室内，就会大大延长肝的保鲜期。

羊肝的“好搭档”

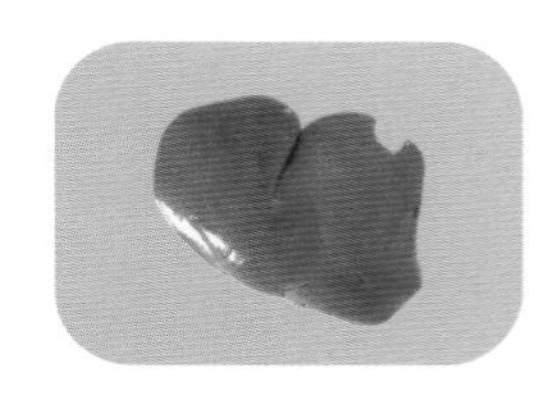 +

莴笋

胡萝卜

青椒

鲫鱼

韭菜炒羊肝

材料 韭菜120克，姜片20克，羊肝250克，红椒45克，盐3克，鸡粉3克，生粉、料酒、生抽、食用油各适量

Tips:
★羊肝汆水时可以放入少许白醋，以去除膻味。
★羊肝含胆固醇高，故高脂血症患者忌食。

做法

① 韭菜洗净切段；红椒洗净去籽切条；处理干净的羊肝切片，加姜片、少量料酒、1克盐、鸡粉、生粉腌渍入味。
② 锅中注水烧开，放入腌好的羊肝煮至沸，汆去血水，捞出沥干。
③ 用油起锅，倒入汆过水的羊肝略炒，淋料酒，加生抽翻炒，倒入韭菜、红椒，加入盐、鸡粉，翻炒至食材熟透即可。

枸杞羊肝汤

材料 羊肝200克，枸杞10克，姜丝、葱花各少许，盐2克，鸡粉2克，料酒10毫升，胡椒粉、食用油各适量

做法

① 处理干净的羊肝切成片，放入沸水锅中煮沸，汆去血水，捞出，沥干水分。
② 砂锅中注水烧开，放入姜丝、枸杞，倒入汆过水的羊肝，淋入料酒，搅拌匀。
③ 烧开后用小火煮20分钟，至食材熟透。
④ 放入盐、鸡粉、胡椒粉、食用油，搅拌均匀，至食材入味，盛出，撒上葱花即可。

Tips:
★羊肝味道较膻，可以多放点姜丝去味。
★此汤有改善视力的作用，非常适合电脑工作者食用。

鸡肉

如何选购鸡肉

活鸡和处理过的鸡肉，在市场上都有出售，两者的选择方法不同。健康的活鸡精神饱满，羽毛致密而油润；眼睛有神，眼珠灵活，眼球占满整个眼窝；冠与肉髯颜色鲜红，冠挺直，肉髯柔软；两翅紧贴身体，毛有光泽；爪壮有力，行动自如。病鸡则没有以上特征。选购处理过的鸡，可以从以下两个方面入手。

观外形： 新鲜质优的鸡肉，形体健硕，腿的肌肉摸上去结实，有凸起的胸肉。反之，若鸡肉摸上去松软，腹腔潮湿或有霉点，则质量不佳；变质鸡肌肉摸起来软而发黏，腹腔有大量霉斑。新鲜鸡眼球饱满；次鲜鸡眼球皱缩凹陷，晶体稍显浑浊；变质鸡眼球干缩凹陷，晶体浑浊。

看色泽： 新鲜的鸡肉肉质紧密排列，颜色呈干净的粉红色而有光泽；皮呈米色，有光泽和张力，毛囊凸出。

鸡肉烹饪技巧

1. 鸡肉不论是整只烹煮，还是剁块焖炒，都要先放在水里烫透，达到去腥味目的。

2. 炖鸡之前，可用刀平着把鸡脯折塌，把腿骨拍断，经过这样处理，鸡炖好后肉和骨头会自行脱离。

3. 用于炖制的鸡，去除鸡的腥味后，可在掺有20%啤酒的水中泡半小时，可使炖鸡嫩滑爽口。

4. 用新鲜的鸡煲汤时应沸水下锅，用冷冻的鸡煲汤则应冷水下锅，确保汤鲜美。

鸡肉的清洗

1. 可乐清洗法： 将整只鸡放在盆里，倒入半瓶可乐，再加入少许食盐浸泡15分钟左右后，用手搓洗乌鸡表面。加入清水漂洗鸡，再将鸡放在流水下冲洗2~3遍。放在锅里，用热水汆烫，捞出来，沥干水分即可。

2. 啤酒清洗法： 将鸡放进盆里，加入少许食盐，倒入半罐啤酒。把鸡的屁股仔细清洗干净，将啤酒均匀地抹遍鸡的全身，浸泡15 ~ 20分钟后，加入清水搓洗鸡。将鸡放在流水下冲洗干净，沥干水分即可。

鸡肉的“好搭档”

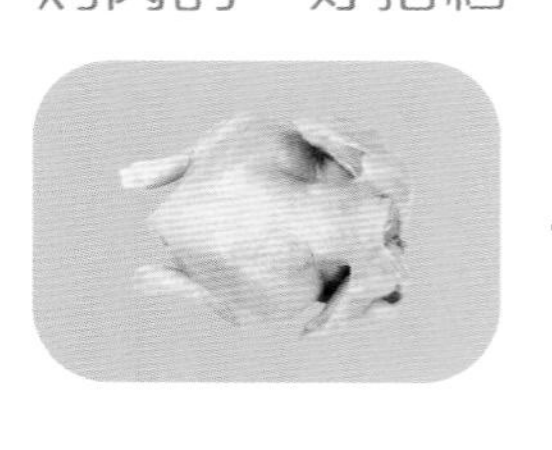

+

土豆　香菇　洋葱　板栗

鲜菇蒸土鸡

材料 平菇150克，土鸡250克，葱段10克，姜丝5克，盐3克，生抽5毫升，料酒7毫升，干淀粉8克

Tips:

★土鸡也可以焯一遍水，口感会更鲜美。

★可用蒜蓉、芝麻酱、辣椒调制成酱料佐食。

做法

① 土鸡装入碗中，加入料酒、姜丝、葱段、生抽、盐，搅拌匀，腌渍入味。

② 倒入备好的干淀粉，搅拌均匀；将洗净的平菇撕碎，铺在鸡肉上。

③ 备好电蒸锅烧开，放入土鸡肉，蒸约30分钟至熟。

④ 将鸡肉取出，将土鸡倒扣在盘中即可。

珍珠蒸鸡翅

材料 鸡中翅250克，熟鹌鹑蛋90克，水发香菇30克，姜丝8克，葱花、鸡粉、胡椒粉各适量，柱候酱20克，干淀粉10克，料酒10毫升

做法

① 在洗净的鸡翅两面各切上两道一字刀，加料酒、姜丝、胡椒粉、鸡粉、柱候酱，拌匀，腌渍入味。

② 鸡翅腌渍后倒入泡好的香菇，放入干淀粉拌匀，摆盘，最后放上香菇，将熟鹌鹑蛋排列在鸡翅两旁。

③ 备好已注水烧开的电蒸锅，放入食材，调好时间旋钮，蒸20分钟至熟。

④ 取出蒸好的鸡翅，撒上葱花即可。

Tips:

★柱候酱含有鲜味，可不放鸡粉。

★鸡翅两面切上两道一字刀时可稍微切深一些，这样腌渍更入味。

如何选购鸭肉

买鸭肉时，根据颜色、气味、硬度等可以判断出其品质优劣。

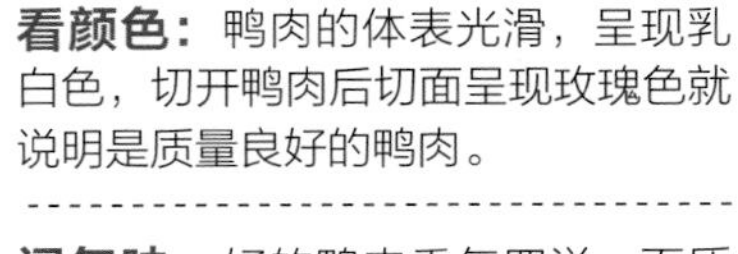

看颜色： 鸭肉的体表光滑，呈现乳白色，切开鸭肉后切面呈现玫瑰色就说明是质量良好的鸭肉。

闻气味： 好的鸭肉香气四溢，而质量一般的鸭肉，能够闻到腥霉味。

摸硬度： 新鲜优质的鸭肉摸上去很结实。如果摸起来松软，有黏腻感，说明鸭肉可能已变质，不应当再买。

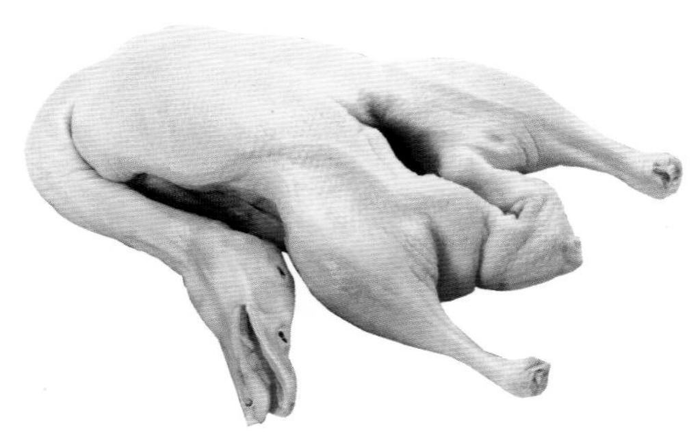

鸭肉的清洗

1. 盐水清洗法： 宰杀后的鸭子即刻用冷水将鸭毛浸湿，然后用热水烫。在烫鸭子的水中加入少许食盐，这样鸭毛都能褪净（去除鸭毛要用滚烫的开水，拿住鸭脚，不断翻转几下，毛就可以快速拔下）。拔完毛之后再用清水清洗处理干净。

2. 姜汁清洗法： 经过处理的冷冻鸭肉可以先放在姜汁液中，浸泡半个小时以后再洗。再汆去血水，捞出备用。这样不但容易洗净，还能除腥、增鲜、恢复肉类固有的新鲜滋味。

3. 汆烫清洗法： 鸭肉用清水略冲洗，斩块。锅中烧开足量的水，下入鸭肉块，汆煮 2 分钟出血水，倒掉血水，用清水将鸭肉冲洗干净即可。

鸭肉烹饪技巧

1. 鸭肉有一股很大的腥味，可将鸭子尾端两侧的臊豆去掉，因为其腥味多半来自此处。

2. 老鸭用猛火煮，不好吃，先用凉水和食醋泡上 2 小时，再用微火炖，肉就会变得香嫩可口。

3. 在炖鸭汤时加几片橘皮或芹菜叶，不仅能使汤的味道清香，还能减少油腻感。

鸭肉的“好搭档”

+

白萝卜

菠萝

板栗

山药

干贝冬瓜鸭汤

材料 冬瓜185克，鸭肉块200克，咸鱼35克，干贝5克，姜片少许，盐2克，料酒5毫升，食用油适量

Tips:

★汆煮鸭肉时淋入少许料酒，可以去除异味。

★放一块猪里脊，是为了让汤味道更香。

做法

① 洗净的冬瓜切块；咸鱼切块。

② 锅中注水烧开，倒入洗净的鸭块，淋入料酒，汆煮片刻，捞出沥干；咸鱼、干贝油炸片刻后捞出。

③ 砂锅中注水烧开，倒入鸭块、咸鱼、干贝、姜片，煮30分钟至熟。

④ 放入冬瓜块，拌匀，续煮至冬瓜熟，加入盐，搅拌片刻至入味即可。

双椒炒腊鸭腿

材料 腊鸭腿块360克，青椒、红椒各35克，香菜段15克，白酒10毫升，朝天椒粒20克，蒜苗25克，蒜片、姜片各少许，盐2克，鸡粉2克，生抽3毫升，食用油适量

做法

① 将洗净的青椒、红椒切成圈。

② 锅中注水烧开，放入腊鸭腿，汆去多余盐分，捞出，沥干水分。

③ 油爆姜片、蒜片，倒入腊鸭腿，炒匀，加入朝天椒粒，炒匀，放白酒，略炒。

④ 加生抽、清水，倒入青、红椒，炒匀，放盐、鸡粉，炒匀，倒入蒜苗、香菜段，炒匀即可。

Tips:

★腊鸭腿本身有味道，不需要加盐了。

★焯水的时候开水里加少许白酒可去异味。

BOLIVIAN
SALT
FLAKES

Chapter 4

海鲜轻松吃，招招锁住诱人滋味

鱼、虾、蟹、海参等海产品是蛋白质、脂肪、矿物质和维生素的良好来源，营养价值较高，只要学会选购与简单的处理以及烹饪方法，在较短的时间内，你也能变身大厨，给家人烹制出可口的菜肴。

鱼贵在新鲜

新鲜健康的鱼所含的营养价值较高。挑选时要细致，观察鱼的活动能力，灵活的鱼说明比较新鲜；鱼鳞整齐没有脱落，有光泽且摸起来有黏滑感；鱼眼略鼓且饱满；鱼鳃鲜红；鱼身无异味的为佳。

烹煮中的小窍门，让餐桌生色不少

1. 煎鱼： 放油煎鱼之前，先用生姜在锅底抹上一层姜汁，倒油加热后再煎鱼，就能保持鱼体完整；在煎之前挂蛋糊，也能煎出完整、金黄的鱼。

2. 蒸鱼： 水煮沸后再蒸鱼，这样鱼的外部组织会凝缩，保留了内部的鲜汁，鱼肉会更鲜美。蒸鱼用大火，蒸的时间不要过长，鱼肉才会鲜嫩。蒸一整条鱼时，可在鱼肉面划上几刀，方便味道渗透进去，鱼肉蒸熟后均匀美观，也便于夹取。

吃鱼就要吃这些部位

鱼肉中富含多种维生素，还含酶类、矿物质、不饱和脂肪酸及优质蛋白等营养成分，有利于青少年、儿童的生长发育。鱼脑中富含不饱和脂肪酸和磷脂类物质，有助于婴儿大脑的发育，并具有辅助治疗老年痴呆症的作用。鱼眼中的维生素 B_1 及二十二碳六烯酸（DHA）和二十碳五烯酸（EPA）等不饱和脂肪酸，可增强人的记忆力和思维能力，同时降低人体内胆固醇的含量。鱼鳔中富含大分子胶原蛋白，具有改善人体组织细胞营养状况、促进人体生长发育、延缓皮肤老化的功效。鱼骨中的钙质具有防治骨质疏松的作用。鱼鳞可炸、可熬汤，其所含的胆碱、卵磷脂可保护肝脏，促进神经和大脑发育。

鱼的“好搭档”

+

生姜

胡萝卜

南瓜

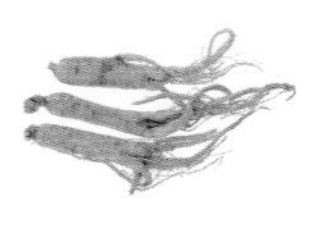

人参

酱烧鲈鱼

材料 鲈鱼 550 克，水发香菇、姜片、蒜末、葱花各少许，白糖、盐、料酒、生抽、面粉、豆瓣酱、水淀粉、生粉、食用油各适量

Tips:
★为保证口感，烧制的鲈鱼要先清洗干净，要去鳞、去鳃、去内脏。

做法

① 鲈鱼洗净，切上花刀，加少量的料酒、生抽、盐拌匀，撒上生粉、面粉裹匀，腌渍 10 分钟。
② 起油锅，烧至六成热，放入鲈鱼，炸约 2 分钟至金黄色，捞出，备用。
③ 锅留底油，倒入姜、蒜爆香，倒入适量清水拌匀；加料酒、白糖、盐、生抽、豆瓣酱调味煮沸；放入鲈鱼，烧约 5 分钟至熟透入味，装盘中。
④ 锅中原汤汁加少许水淀粉勾芡，调成稠汁后浇在鲈鱼上，撒上葱花即成。

柠檬蒸乌头鱼

材料 乌头鱼 400 克，香菜 15 克，柠檬 30 克，红椒 25 克，鱼露 25 毫升

做法

① 红椒洗净切圈；香菜洗净切末；洗好的柠檬切片；处理干净的乌头鱼斩去鱼鳍，从背部切开，待用。
② 在碗中倒入鱼露，放入一部分柠檬片、红椒圈，调成味汁。
③ 取一个蒸盘，放入乌头鱼，撒上少许切好的香菜，放上余下的柠檬片，摆好红椒圈，待用。
④ 蒸锅上火烧开，放入蒸盘，盖上锅盖，用中火蒸约 15 分钟至熟。
⑤ 揭开盖，取出蒸好的乌头鱼，撒上香菜即可。

Tips:
★蒸鱼的时候放上点柠檬片，味道会更香。

虾

如何选好虾

新鲜的虾，头尾与身体紧密相连，虾身有一定的弯曲度。虾皮壳发亮，河虾呈青绿色，海虾呈青白色（雌虾）或蛋黄色（雄虾）。有淡淡的天然腥味，无其他异味的为佳。活虾肉质应当坚实、细嫩，有弹性；冻虾仁应挑选表面略带青灰色，手感饱满并富有弹性的。

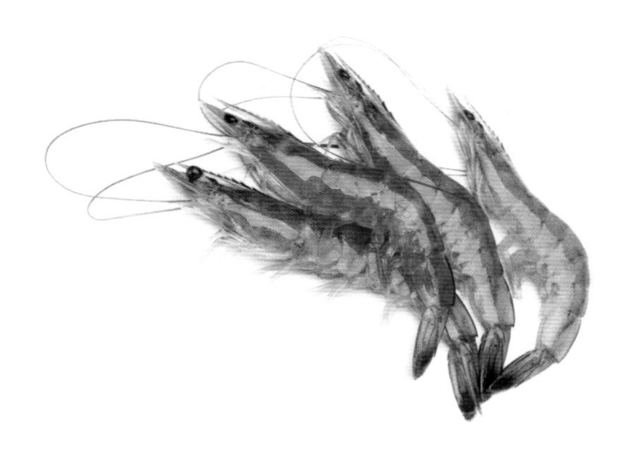

如何快速去除虾线

虾线即从虾的头部延伸到尾部的黑线，那是虾的肠道，起着消化的作用。若是在清蒸或酒焖的时候容易出现苦味，可掩盖住鲜虾的清甜味道，因此烹调前要先把虾线去除。具体步骤如下：

1. 虾买回来后，先清洗一下。

2. 将虾的长须，以及多余的部分剪去。

3. 在虾的第二指节处，用牙签抽出虾线。

4. 处理好的虾再清洗一下待用。

巧烹虾仁

以活虾为原料，用清水洗净虾体，去掉虾头、虾尾和虾壳后的纯虾肉即为虾仁。虾仁清淡爽口、营养美味，颇受食客的喜爱。日常烹制时注意以下几点：

1. 烹煮前的腌渍要控制好调味料的种类与分量，否则虾仁的鲜味就会被盖住。

2. 烹制的虾仁可先上浆。上浆后静置5~10 分钟后再滑油，可防止脱浆。上浆后的虾仁，虾肉不与热油直接接触，能较好地保持水分，使肉质饱满鲜嫩。

3. 视菜肴的做法控制好油温。一般油温为三四成熟（约 100℃），过低容易脱浆，过高质感会变老韧。

4. 把握好时间。虾仁属于易熟食物，烹饪时间不宜过长，否则其外形与口感都会受到影响。

虾的“好搭档”

+

腰果

韭菜

豆腐

丝瓜

大虾焖毛豆

材料 基围虾 250 克，毛豆 80 克，韩式辣酱、食用油各适量，姜末、蒜末各少许

Tips:
★按照料理秘诀中提到的方式快速处理虾线吧。

做法

① 虾洗净，剪去虾须，抽出虾线，备用。
② 毛豆去壳洗净备用。
③ 热锅注油，倒入虾，小火慢慢炸至虾壳表面酥脆，捞出沥干油，备用。
④ 锅内留油，爆香姜、蒜末，倒入毛豆小火煸炒至表皮变色断生；加入大虾一起翻炒片刻；倒入韩式辣酱，加入少许水炒匀，小火焖煮 3 分钟后盛出。

炸凤尾虾

材料 河虾 120 克，盐 3 克，鸡粉 4 克，生粉 20 克，食用油、面粉各适量

做法

① 将虾洗净去掉头部，背部切开后挑去虾线。
② 取一个碗，放入虾，加入鸡粉、盐、生粉、少量油，拌匀。
③ 取碗，加入面粉，倒入适量清水，拌匀成浓稠的汁液；将虾放置其中，使其表面均匀裹上汁液，备用。
④ 热锅注入食用油，烧至六成热，放入虾，搅匀，炸至虾金黄酥脆，捞出，沥干油分，放入盘中即可。

Tips:
★若想口感更加酥脆，可将虾裹上一层面包糠。

鱿鱼

鱿鱼的选购

观外形： 新鲜鱿鱼色泽光亮，鱼身有层膜还带黏性，眼部显得清晰明亮。

看颜色： 鱿鱼的肉本身是淡褐色的，制成的鱿鱼丝也是淡褐色的。现在市场上有很多纯白色的鱿鱼，那都是用漂白剂漂白过的，看起来很漂亮，但对身体有害。另外也有些不是白色的，但颜色不是天然的，这也跟过期、防腐有关，不宜选购。

闻气味： 新鲜鱿鱼无异味，不新鲜的鱿鱼带有腥臭味。

掂重量： 新鲜鱿鱼不是越大越好，以单只 300 ~ 400 克为佳。

摸软硬： 鲜鱿鱼有弹性，不生硬，有点微湿。摸起来硬的是陈货，越硬越不新鲜。

切上麦穗形花刀，让鱿鱼更有“颜”

在餐馆品尝鱿鱼美食时，我们总会被鱿鱼的外形吸引，其实给鱿鱼切上花刀，我们自己也能做出有颜值、有滋味的鱿鱼。制作时先取一块洗净的鱿鱼筒，从中间纵向切一刀。将鱿鱼肉展开，去除内壁的黏膜，把尖头部分切除。再用斜刀，在鱿鱼上切一字刀，不要切断。调整角度，直刀切一字刀，与刚刚的刀纹呈 90° 。最后从鱿鱼肉中间切一刀，将鱼肉一分为二，取其中一块，切掉边角，变成较为规则的长方形；另一块以同样方法切掉边角，变成规整的长方形。

鱿鱼的清洗

从市场买回的新鲜的鱿鱼，要处理干净以便烹饪，可按以下步骤进行清理：

1. 将鱿鱼放入盆中，注入清水清洗一遍。
2. 取出鱿鱼的软骨，剥开鱿鱼的外皮。
3. 将鱿鱼肉取出后，用清水冲洗干净。
4. 清理鱿鱼的头部，剪去鱿鱼的内脏。
5. 最后去掉鱿鱼的眼睛以及外皮，再用清水冲洗干净，沥干即可。

鱿鱼的“好搭档”

\+

黑木耳

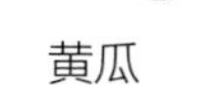

黄瓜

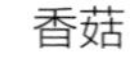

香菇

猪蹄

辣烤鱿鱼

材料 鱿鱼 300 克，蒜末 3 克，青椒段 10 克，生抽 5 毫升，红辣椒酱 20 克，胡椒盐 3 克，糖 5 克，芝麻油、食用油各适量

Tips:

★食用时一块烤鱿鱼配上一片青椒段，辣脆香爽，回味无穷。

做法

① 洗净的鱿鱼切上花刀，再切成块，待用。
② 热锅注水煮沸，放入切好的鱿鱼块，焯煮片刻后捞起，沥干水分后装入碗中，待用。
③ 取碗，放入生抽、蒜末、糖、胡椒盐、芝麻油、红辣椒酱，搅拌均匀，制成酱汁。
④ 将酱汁倒入装有鱿鱼块的碗中，搅拌均匀。
⑤ 烤架加热，用刷子抹上食用油，放上鱿鱼，烤 4 分钟，翻面，续烤 4 分钟至熟。
⑥ 盘中放上青椒段，将烤好的鱿鱼夹至盘中即可。

鱿鱼须炒四季豆

材料 四季豆200克，鱿鱼须300克，彩椒、姜、葱、盐、鸡粉、料酒、水淀粉、食用油各适量

做法

① 将四季豆洗净切段，焯水；彩椒洗净去籽，切条，待用。
② 处理好的鱿鱼须切段，焯水，待用。
③ 热锅注油，倒入姜葱爆香；倒入鱿鱼，炒匀，淋入料酒，炒香。
④ 倒入彩椒、四季豆，炒匀。
⑤ 加入盐、鸡粉和水淀粉，翻炒至入味。
⑥ 将炒熟的菜肴装入盘中即可。

Tips:

★四季豆是较为容易引起食物中毒的食材，日常煮制时间最好在 10 分钟以上，待其由直挺变软，颜色由鲜绿变为暗绿才可出锅。

扇贝

扇贝的选购

选购扇贝时要先从外形着手，要选外壳颜色比较一致且有光泽、大小均匀的扇贝，不能选太小的，否则因肉少而食用价值不大。其次要试试扇贝的反应速度，看其壳是否张开。活扇贝受外力影响会闭合，而张开后不能合上的为死扇贝，不能选用。

扇贝的清洗

从市场买回的新鲜扇贝，如未经商家处理，自己可以使用开壳清洗法清洗。方法如下：

1. 先将扇贝放在水龙头下，用刷子刷洗贝壳，两面都要刷干净。
2. 把刀伸进贝壳，将两片贝壳盖分开。
3. 此时开始清除内脏，把扇贝冲洗干净，沥干即可。

做好烹调的每一步，食得滋味又健康

1. 扇贝的烹制时间不宜过长（通常小个的3~4分钟，大个的5~6分钟），否则肉质就会变硬、变干并且失去鲜味。但不要食用未熟透的贝类，以免传染上肝炎等疾病。

2. 扇贝本身鲜味无穷，建议烹制时不要再加味精，也不需要加入太多的食盐，以免鲜味流失。

扇贝的“好搭档”

+

冬瓜

瘦肉

木耳

蒜薹

金菇扇贝

材料 扇贝4个，金针菇15克，红椒末10克，彩椒末10克，盐2克，鸡粉、白胡椒粉各适量，食用油10毫升

Tips:
★烧烤与蒸的方式能在最大程度上保持扇贝的鲜美。日常蒸制时可放上粉丝添加风味。

做法

① 将洗净的金针菇切成3厘米长的段，备用。
② 将洗净的扇贝放在烧烤架上，用大火烤1分钟至起泡，淋入食用油，撒上少许盐，用夹子翻转扇贝肉，再次撒上适量盐、少许的鸡粉和白胡椒粉。
③ 将金针菇段放在扇贝肉上，撒入少许盐，用大火烤1分钟；放入红椒末、彩椒末，用大火续烤1分钟至食材熟透，装入盘中即可。

香芹辣椒炒扇贝

材料 扇贝300克，芹菜80克，干辣椒、姜片、蒜末各少许，盐2克，鸡粉2克，料酒5毫升，豆瓣酱、水淀粉、食用油各适量

做法

① 将洗净的芹菜切成段，备用。
② 锅中注水，倒入洗净的扇贝，搅匀，煮约半分钟，捞出，沥干，置于案板上；放凉后取出扇贝肉，放在盘中，备用。
③ 起油锅，放入姜片、蒜末、干辣椒，爆香；倒入芹菜，翻炒至断生；倒入扇贝肉，炒透；再淋入料酒，炒香；加入豆瓣酱，快速翻炒片刻；放入鸡粉、盐，淋入水淀粉，炒匀盛出即可。

Tips:
★贝类属于海鲜，性寒凉，脾胃虚寒者不宜多食。

海参

海参的切法

海参经过刀工处理后，容易烹饪入味，夹取食用也方便。可采用的切法有切段、片、条、丝、粒等。其中较为常用的是切条和切块。

切条：

1. 用刀将海参的一端切除。
2. 用刀将海参横向切成两块，将海参块切成均匀的条状即可。

切段：

1. 将海参放在砧板上，撑开，纵向切条。
2. 将整只海参切完后，横切成段即可。

厚实海参质量佳

市场上出售的海参，有鲜品，也有干货，选购的要领自然不同。

1. 鲜海参，参体为黑褐色，有的颜色稍浅、鲜亮，呈半透明状。参体内外膨胀均匀，呈圆形，肌肉薄厚均匀，内部无硬心。手持参的一头颤动有弹性，肉刺完整。劣质海参参体发红，体软且发黏，参体枯瘦、肉薄、坑陷大，肉刺倒伏。

2. 干海参，以体大，皮薄，个头整齐，肉肥厚，形体完整，肉刺齐全无损伤，富有光泽，洁净，颜色纯正，无虫蛀斑且有香味的为上乘之品。开口要端正，腔内没有多余泥沙，灰末少，干度足，水发量大。海参带刺多的，品质、口感会好一些。

海参的清洗

从市场上买回的海参，如果未经店铺处理，可采取白醋清洗法来处理。

1. 将已经剖腹的海参用流水冲洗一下。
2. 冲洗后的海参放入盆中，加白醋，注入热水，浸泡 10 分钟。
3. 将卷着的海参肉撑开，用手指甲刮除内膜，用流水冲洗一会儿即可。

海参的“好搭档”

+

猪肉

上海青

豆腐

小米

小米海参

材料 水发小米200克，海参150克，小白菜适量，葱花、姜末、枸杞各少许，盐3克，鸡粉2克，芝麻油3毫升

Tips:

★海参是营养价值较高的食品，也是名贵的药材，同人参、燕窝、鱼翅齐名，是世界八大珍品之一。

做法

① 小米洗净；枸杞洗净；小白菜洗净后切末，备用。
② 海参泡发洗净，从一边纵向切开后处理干净，再切成块。
③ 砂锅中注入适量清水烧开，倒入小米，拌匀，用小火煮30分钟至熟软。
④ 倒入海参，搅拌匀，用小火煮10分钟。
⑤ 下入枸杞、葱花、姜末、小白菜末，拌匀，稍煮片刻；放入盐、鸡粉、芝麻油，拌匀后盛出。

海参豆腐汤

材料 猪骨450克，红枣15克，花生米20克，海参200克，盐、鸡粉各2克，料酒适量

做法

① 锅中注入适量清水烧开，倒入猪骨，淋入少许料酒，略焯一会儿，捞出，装入盘中备用。
② 海参洗净后切块，备用。
③ 砂锅注水烧开，倒入备好的花生米、红枣，放入焯过水的猪骨，加入切好的海参，用大火烧开后转小火煮90分钟，至食材熟透。
④ 揭盖，淋入料酒，再盖上盖；揭盖，放入盐、鸡粉，拌匀后盛出即可。

Tips:

★海参具有提高记忆力的良好的食用功效。

螃蟹

螃蟹的选购

购买螃蟹时，不仅要看其是否新鲜，还要看是否肥嫩。品质上乘的螃蟹经过烹调后不仅味道鲜美，营养价值也高。

观外形： 肚脐凸出来的，一般都膏肥脂满；凹进去的，大多膘体不足。凡蟹足上绒毛丛生，则表示该蟹的日常活动能力较佳；而蟹足无绒毛，则表示体软无力。

看活力： 将螃蟹翻转身来，腹部朝天，能迅速用腿弹转翻回的，活力强，可保存；不能翻回的，活力差，存放的时间不能长。

挑雄雌： 农历八九月里挑雌蟹，九月过后选雄蟹。因为雌、雄螃蟹分别在这两个时期中性腺成熟，此时食用滋味、营养最佳。

螃蟹的清洗

从市场上买回来的蟹，如果未经店铺处理，可采用开壳清洗法清洗。具体方法如下：

1. 先用软毛刷在流水下刷洗蟹壳，刮除蟹壳的脏物。

2. 再用刀将蟹壳打开，将蟹肉上的脏物清理掉。

3. 最后将清洗干净的蟹沥干水分，即可进行后续的烹调。

螃蟹的切法

日常烹调螃蟹时，切块是较为常见的处理方式，这样的方式使螃蟹在烹调中更容易入味，夹取食用也较为方便。具体的切法如下：

1. 取蟹壳洗净的螃蟹，用刀撬开蟹壳后再将内部洗净。
2. 蟹壳打开后的螃蟹，从中间对半切开。
3. 最后将蟹足尖切掉即可。

螃蟹的“好搭档”

+

洋葱

生姜

葱

冬瓜

咖喱炒螃蟹

材料 螃蟹2只，土豆1个，洋葱半个，红辣椒1根，鸡蛋2个，糖2克，咖喱粉50克，鱼露30毫升，椰浆100毫升，生粉、高汤、食用油各适量

Tips:
★若想用汤汁拌饭，可以在最后时不将水分收得太干。

做法

① 土豆洗净切块；洋葱洗净切块；红辣椒洗净切块；少量椰浆和鸡蛋混合拌匀，备用。
② 将螃蟹洗净处理好，切块；给螃蟹蘸上生粉，入油锅炸一下后盛出，备用。
③ 锅底留少许油，将洋葱、红辣椒爆香；放入土豆，拌匀；加入糖、咖喱粉、鱼露、椰浆后炒出香味；加高汤煮开后焖煮片刻。
④ 加入螃蟹，拌匀，转大火将汤汁煮沸；倒入椰浆和鸡蛋混合的液体，待汤汁变浓即可。

辣炖海螃蟹

材料 螃蟹3只，牛肉碎150克，豆腐1块，鸡蛋2个，面粉20克，红椒粒、葱末、蒜末、芝麻油、盐、红辣椒酱、豆瓣酱、食用油各适量

做法

① 螃蟹洗净，将上、下壳掰开；用小勺刮出蟹肉、蟹壳上的蟹膏；蟹腿掰断与蟹壳放入碗中待用。
② 豆腐洗净剁成末，装碗中；倒入牛肉碎、红椒粒、蟹肉蟹膏、蒜末、葱末、芝麻油拌匀；打入鸡蛋拌匀，做成馅料；馅料放入蟹壳中，撒上面粉。
③ 取碗，将鸡蛋打散成蛋液，放入蟹壳并使其两面裹上鸡蛋液；起油锅，将蟹壳煎至金黄，捞起。
④ 沸水锅中，放入豆瓣酱、红辣椒酱搅散，再放入蟹腿、蟹壳，倒入盐调味后盛出即可。

Tips:
★对螃蟹过敏的人群避免食用。

牡蛎

如何选购牡蛎

我国养殖牡蛎的区域广泛，主要分布在沿海，北起鸭绿江，南至海南岛。要想在餐桌上尝到美味的牡蛎，就要从选购着手。

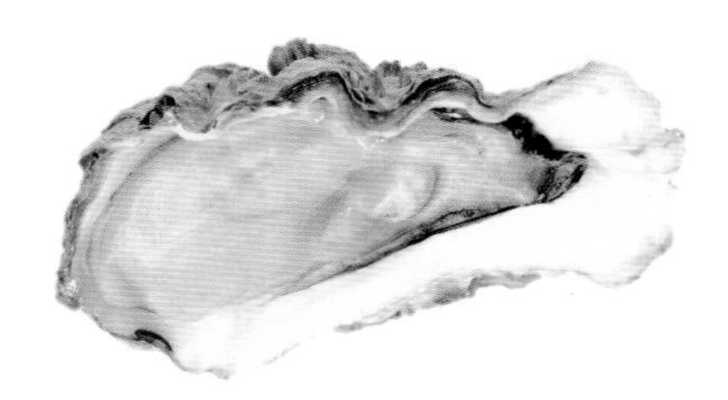

观外形：在选购优质牡蛎时应注意选体大肥实，颜色淡黄，个体均匀，而且干燥，表面颜色褐红的。

看闭合：轻轻触碰微微张口的牡蛎，如果能迅速闭口，说明牡蛎新鲜，如果“感应”较慢，或者“无动于衷”，则说明不太新鲜。另外，牡蛎通常大都是闭口的，若在摊位前看大量的牡蛎都是张着口的，也可能说明该处的牡蛎不太新鲜。

闻气味：闻一闻气味是否自然，如果有腥臭味，即使很淡，也说明不是太新鲜，不要购买。

如何清洗牡蛎

购买回来的海鲜，都要经过细心清洗方可烹制食用，以免影响风味或食入有害物质。具体方法如下：

先用流水清洗干净牡蛎的外表面，之后放入盐水中浸泡，使之吐出杂质，多换几次清水，每次放入适量的食盐浸泡，使牡蛎内部的沙子吐干净。再用刀撬开牡蛎壳，可以去除牡蛎壳，之后用清水清洗干净即可。

牡蛎这样吃，原汁原味

牡蛎的吃法很多，煎、炒、烹、炸皆可，带壳煮食最为方便，味道上乘。炭烧生蚝是很多海鲜大排档的招牌菜。这种烹牡蛎的方式操作简单，而且味道是原汁原味的，肉质甘香，富有韧劲，若能佐以蒜蓉食用，更能调动食欲。在节假日的时候我们也会在家里烧烤，不妨学着做这道炭烧生蚝。

牡蛎的“好搭档”

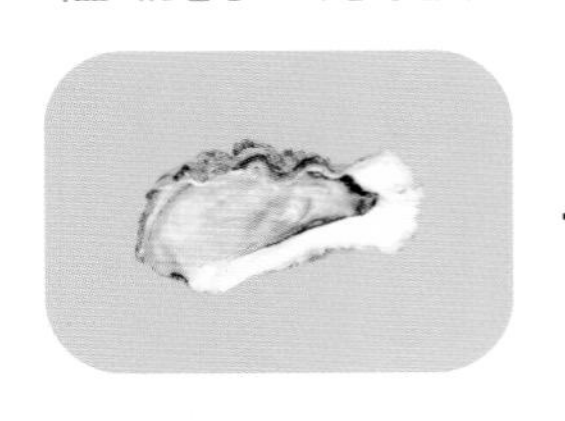

+

鸭蛋

大米

发菜

猪肉

牡蛎芦笋汤

材料 芦笋60克，牡蛎肉100克，柠檬1片，豆苗少许，料酒10毫升，盐2克，鸡粉2克，芝麻油、胡椒粉、食用油各适量

Tips:
★芦笋的口感佳，营养价值高，其含硒量高于一般蔬菜，甚至可与海鱼、海虾等媲美。

做法

① 将牡蛎肉洗净焯水；芦笋洗净切段，焯水沥干；豆苗洗净，备用。
② 锅中注入适量的清水烧开，倒入牡蛎肉，拌匀。淋入食用油、料酒，搅匀。
③ 盖上锅盖，焖煮5分钟至食材煮透。
④ 揭开锅盖，放入芦笋煮软；放入柠檬片，淋入芝麻油，加入盐、鸡粉、胡椒粉，搅拌片刻，使食材入味，盛出即可。

泰式拌牡蛎

材料 牡蛎肉300克，香菜20克，朝天椒3只，茴香籽适量，橄榄油3茶匙，柠檬汁1茶匙，盐、胡椒粉各适量

做法

① 将牡蛎洗净，备用。
② 锅中注水烧开，放入牡蛎煮熟，捞出，沥干。
③ 取碗，放入牡蛎，拌入橄榄油、柠檬汁、香菜、茴香籽、朝天椒、盐和胡椒粉。
④ 拌匀后装盘即可。

Tips:
★不宜把牡蛎煮制过久，否则牡蛎会因为缩水而变老。

海带

海带的清洗

鲜货海带直接用清水清洗即可，若是干货，则需浸泡，洗去杂质的同时减少盐分含量。这里介绍两种简单的清洗方法。

淘米水清洗法：将海带放进淘米水中，浸泡 15 分钟左右，用手揉搓清洗海带，然后将海带放在流水下冲洗干净，沥干水分即可。

毛刷清洗法：将泡发好的海带放入水盆中，用软毛刷轻轻刷洗。再把刷过的海带涮洗一下。最后将海带冲洗干净，沥干水分即可。

安全食用海带

海带是我们日常接触较多的海藻类产品，其含碘量高，能有效补碘。而碘是甲状腺合成的主要物质，如果人体缺少碘会诱发甲状腺机能减退症。相反地，甲状腺功能亢进患者则不宜食用。

豆腐富含蛋白质，食用可以改善人体脂肪结构，但长期过量食用豆腐很容易引起碘缺乏。因此海带配豆腐能平衡人体内的含碘量，更具营养，有“长生不老的妙药”的美称。

海带的储存

将一时吃不完的海带沥干水分，每几张铺在一起卷成卷，放在保鲜膜上卷起来。依此方法将海带整理好，放冰箱中冷冻保存，吃的时候只要拿出其中一卷化冻就可以直接食用了。此法可使海带保存 3 天，口感和营养会有所下降，所以还是建议泡发的海带及时烹制后食用。

海带的“好搭档”

+

豆腐

黑芝麻

木耳

排骨

海带鲫鱼汤

材料 豆腐120克，水发海带丝80克，鲫鱼1条，姜片、葱段各少许，盐2克

Tips:
★为了保持海带的鲜嫩可口，煮制时间约为15分钟即可。
★为了不把汤的鲜香盖住，建议减少调味料的种类。

做法

① 海带丝洗净；豆腐切块；鲫鱼处理干净后用炒锅将两面煎至金黄色，备用。
② 砂锅注水，放进姜片，大火煮开，再放进鲫鱼，大火煮开后转小火煮30分钟左右。
③ 放入海带，用中火煮10分钟左右；再放入豆腐续煮2分钟，调入盐。
④ 最后放入葱段拌匀即可。

海带沙拉

材料 水发海带片180克，黄瓜150克，豆皮30克，红椒丝15克，盐、干辣椒碎各少许，白糖2克，白醋5毫升

做法

① 洗好的海带切成块；洗净的黄瓜切片；洗净的豆皮切丝，待用。
② 锅中注入适量清水，用大火烧开，倒入海带丝，搅匀，煮至断生，捞出，放入凉水中过凉，捞出，沥干水分，备用。
③ 将海带装入碗中，放入黄瓜、豆皮、红椒丝，拌匀;加入白糖、盐、白醋、干辣椒碎，搅拌至食材入味即可。

Tips:
★可根据个人口味来决定放入干辣椒碎的量。

Chapter 5

蛋和豆制品，软嫩入味就这么简单

蛋和豆制品是日常饮食中最为亲民的食材，它们营养价值较高，所含的蛋白质丰富，取材便利，制作餐桌美食也是轻易便捷、花样众多、口感软嫩。

鸡蛋

选购优质鸡蛋

鸡蛋是非常亲民的食材，无论是早餐、午餐和晚餐，还是炒菜、甜点都能看到它的身影。选购优质的鸡蛋，能为我们的菜肴加分。

观外形：蛋壳清洁完整，略微粗糙，附有一层霜状粉末，无霉斑。

掂重量：优质鸡蛋在手中会有压手的感觉。鸡蛋的大小与质量无关，而是与鸡龄有关；品种一样的情况下，鸡蛋越小，其水分含量越少，营养成分越高。

闻气味：鸡蛋无异味，向其表面哈一口热气，会闻到轻微的生石灰味。

听声音：用两指夹住鸡蛋放在耳边摇晃，若鸡蛋没有晃动感且无空洞声的为佳。

做出香滑炒鸡蛋的小锦囊

1. 添加小调料：砂糖具有保水性，炒鸡蛋时加少量砂糖，可使成品变得膨松柔软。但要控制好砂糖的量，以免影响鸡蛋的鲜香。又或者是加入少许淀粉、冷水，也可增强蛋液的延展性，更滑嫩。

2. 烹调时的注意项：油温控制到七至八成熟（约200℃）时，撒上一些面粉，能有效防止油外溅，同时能让鸡蛋显得金黄美观。再倒入鸡蛋，防止鸡蛋变老，影响口感，同时避免其营养成分流失。

鸡蛋皮煎得好的技巧

搅拌蛋液时，将蛋黄充分拌匀，这样能避免煎出的蛋皮看到蛋白；想要煎出柔软美味的蛋皮，试着用适量的牛奶与鸡蛋液混合搅匀。下锅前把煎锅中的油抹匀，煎蛋皮时，掌握好火候，火力不能太强，揭蛋皮时手要轻，以免弄破，影响色泽和口感。

鸡蛋的“好搭档”

黑木耳蛋卷

材料 鸡蛋4个，木耳60克，胡萝卜60克，盐、鸡粉各2克，白糖3克，水淀粉、食用油各适量

Tips:
★将蛋皮卷成小卷和切成小段的时候都需要注意力度，用力过猛会影响蛋卷的最终造型。

做法

① 将洗净的木耳切碎；洗好的胡萝卜切碎，待用。
② 取一个碗，打入鸡蛋，调匀，制成蛋液；再加入木耳、胡萝卜、白糖、盐、鸡粉、水淀粉，拌匀，待用。
③ 煎锅注油，用中火烧热，倒入调好的蛋液，摊开铺平，用小火煎好。
④ 将煎好的蛋皮平铺在案板上，卷成小卷，再切成小段后装盘即可。

银鱼炒蛋

材料 鸡蛋2个，水发银鱼50克，葱花少许，盐、白糖、食用油各适量

做法

① 把鸡蛋打入碗中，加白糖、盐，搅散；放入洗净的银鱼，顺时针方向拌匀。
② 热锅注油，烧至四成热，倒入蛋液，摊匀，铺开，转中小火，炒至熟。
③ 放入葱花，拌炒匀，出锅盛入盘中即成。

Tips:
★为了不把银鱼与鸡蛋的鲜香盖住，建议不放味精。

鸭蛋

精心挑选优质鸭蛋

优质的鸭蛋表面洁净，无血迹、无斑点，没有裂痕，个头匀称；新鲜的鸭蛋闻起来没有异味；把鸭蛋拿在手上，蛋壳会略微显得粗糙并不是顺滑的；把鸭蛋贴近耳朵，轻轻摇晃，内部没有晃动感的为佳。

鸭蛋料理可以很美味

生活中很多人对于鸭蛋的熟悉与喜欢程度远远低于鸡蛋，在他们的印象中，鸭蛋几乎等同于咸鸭蛋。然而咸鸭蛋并不是鸭蛋唯一的做法，鸭蛋具有滋阴养血、消炎止痛的功效，试着做一些鸭蛋料理，像赛螃蟹、黑木耳蛋炒饭、鸭蛋苦瓜饼、高汤蛋羹等，给自己的餐桌增添风味。

了解“出油”的咸鸭蛋

“出油”的咸蛋会散发浓郁的鲜香，口感绵润，也因此让很多人觉得“出油”的咸鸭蛋才是质量上佳的，但这其实只是腌渍方法与时间的原因。其实咸蛋里的油来自于蛋黄，是脂肪。鸭蛋中脂肪约占 16%，且大部分都在蛋黄里，其蛋黄脂肪的含量高达 31% 左右。蛋黄里的脂肪是与蛋白质乳化而成的。经过盐的腌渍，蛋黄中的蛋白质凝固后沉淀出来，和脂类分离，原来分散的脂肪彼此互相聚集后就会出现“出油”的现象。

鸭蛋的“好搭档”

+

西红柿

丝瓜

莴笋

虾仁

咸蛋黄炒黄瓜

材料 黄瓜 160 克，彩椒 12 克，咸蛋黄 60 克，高汤 70 毫升，盐、胡椒粉各少许，鸡粉 2 克，水淀粉、食用油各适量

Tips:
★朴素的咸鸭蛋可以蒸熟后直接用来下饭，又或者是煮粥，操作简单便捷，味道香浓。

做法

① 将洗净的黄瓜切开，去瓤，再斜刀切段；洗好的彩椒切开，切菱形片；咸蛋黄切开，再切小块，备用。

② 用油起锅，倒入切好的黄瓜，撒上彩椒片，炒匀；注入适量高汤，放入切好的蛋黄，炒匀；用小火焖约 5 分钟，至食材熟透。

③ 加入盐、鸡粉，撒上胡椒粉，炒匀调味，用水淀粉勾芡，至食材入味即可。

香菇肉末蒸鸭蛋

材料 香菇 45 克，鸭蛋 2 个，肉末 200 克，盐 3 克，葱花、鸡粉、生抽、食用油、香油各适量

做法

① 洗好的香菇切成粒，备用。

② 取碗，打入鸭蛋，搅散；加入 1 克盐、鸡粉，调匀；加入适量温水，搅拌匀；再倒入蒸碗中，备用。

③ 用油起锅，放入肉末，炒至变色；加入香菇粒，炒匀，炒香；放入 2 克盐、生抽，炒匀调味。

④ 把蛋液放入烧开的蒸锅中，用小火蒸约 10 分钟至蛋液凝固。揭开锅盖，把香菇肉末放在蛋羹上，再用小火蒸 2 分钟至熟。取出后撒上葱花，再浇上少许香油即可。

Tips:
★蒸蛋时可用保鲜膜封好蒸碗，这样蒸出来的蛋就比较漂亮。

鹌鹑蛋

选购好吃的鹌鹑蛋

鹌鹑蛋的外壳为灰白色，还有红褐色的和紫褐色的斑纹，放在耳边摇一摇没有晃动的声音；优质的鹌鹑蛋色泽鲜艳、壳硬，蛋黄呈深黄色，蛋白黏稠。

了解可以储存的时间

鹌鹑蛋外面有自然的保护层，常温下生鹌鹑蛋可保鲜 10 天左右，如果把生鹌鹑蛋放入冰箱内冷藏保鲜，一般可以保鲜 1 个月不变质；熟鹌鹑蛋常温下可存放 3 天。

变换烹调方式，感受鹌鹑蛋的魅力

鹌鹑蛋被认为是“动物中的人参”，宜常食，为滋补食疗品。其个体虽小，营养价值却可与鸡蛋媲美。在大多数人的印象中，鹌鹑蛋多以小吃的形式出现在餐桌中，如盐焗鹌鹑蛋、鹌鹑蛋串串等。但只要改变烹调的方式，鹌鹑蛋也能成为餐桌的主角，如用焖烧的方法可以做出鹌鹑蛋烧豆腐、鹌鹑蛋焖红烧肉；用作甜点则有红枣鹌鹑蛋酒酿、鹌鹑蛋银耳羹；用酱泡的方式则有卤鹌鹑蛋、泡椒鹌鹑蛋。生活中我们会接触很多像鹌鹑蛋这样简单的食材，试着改变烹调的方式，做出来的菜肴总能有滋有味。

鹌鹑蛋的“好搭档”

\+ 韭菜

茶叶

西红柿

排骨

银耳鹌鹑蛋

材料 水发银耳 50 克，熟鹌鹑蛋（去壳）200 克，白糖适量

Tips:

★具有滋阴功效的银耳鹌鹑蛋，汤清味浓，银耳软滑，鹌鹑蛋鲜嫩。用简易的烹饪方式，即可做出满足全家人口味的营养汤品。

做法

① 锅中倒入约 400 毫升的清水烧热，倒入熟鹌鹑蛋，再下入洗净的银耳，中火烧开。

② 撒入白糖，拌匀，用中火续煮约 5 分钟，至银耳熟透。

③ 关火后盛出，稍微放凉即可食用。

茄汁鹌鹑蛋

材料 熟鹌鹑蛋 300 克，番茄酱 30 克，盐 3 克，白糖 2 克，生粉、食用油各适量

做法

① 将去壳后的鹌鹑蛋放入碗中，撒上适量生粉，拌匀备用。

② 用少量油起油锅，烧至五六成热，放入鹌鹑蛋，用中火炸至表面呈米黄色，捞出。

③ 另起炒锅，注油烧热，倒入少许清水，放入番茄酱，拌匀；再加入盐、白糖，搅拌成稠汁。

④ 再倒入鹌鹑蛋，翻炒至入味，装入盘中即可。

Tips:

★鹌鹑蛋营养丰富，具有补益气血、强身健脑、美肤美颜的功效。跟着菜谱学做鹌鹑蛋菜肴，可给餐桌增添新风味。

豆腐

如何保持豆腐的完整

在菜市场购买回来的豆腐，可能会沾有灰尘，下锅前一定要清洗干净才能放心食用。建议清洗时把豆腐放在手上，用较小的水流冲洗，注意轻拿轻放以保持豆腐的完整。烹煮时豆腐的完整也可能会受到影响，建议烹调前把豆腐浸在淡盐水中 20~30 分钟，能有效缓解豆腐在烹制中的破碎程度，使菜肴更美观。

豆腐营养虽佳，过量食用危害健康

豆腐富含蛋白质，但一次食用过多会阻碍人体对铁的吸收，引起消化不良。大量食用豆腐会加重肾脏的负担，使肾功能衰退，不利于身体健康。豆腐含嘌呤较多，痛风病患者要少食，因为嘌呤代谢失常的痛风病人和血尿酸浓度增高的患者多食易导致痛风发作。

配合料理改变豆腐的水分

豆腐是常见的餐桌食材，味美而养生。豆腐的烹调方式多样，可做汤、炸、烤、焖烧、凉拌。其水分含量在 90% 左右，针对不同的烹调方式，改变豆腐的水分能使菜肴的卖相与口感更佳。烹制豆腐汤类时可直接使用，若是做豆腐沙拉则要稍微去除水分，此时可以把豆腐放在厨房用纸或布上，压上较轻的物品，用 10~15 分钟的时间去除其水分；若是用于炒菜，可压上较重的物品或增加一倍的时间；若是做铁板豆腐、炸豆腐或烤豆腐等料理，则要继续增加重物的数量，压制的时间为 1 小时，使其厚度缩减为原来的一半即可。

豆腐的“好搭档”

+

生菜

白萝卜

紫菜

黄瓜

麻婆豆腐

材料 豆腐 400 克，鸡汤 500 毫升， 蒜末 15 克，葱花 20 克，豆瓣酱 25 克，花椒粉 5 克，鸡粉 5 克，水淀粉、食用油各适量

Tips:
★可根据个人口味，在烹制的过程中调入盐或生抽。

做法

① 洗净的豆腐切成小方块，放在备有清水的碗中，浸泡待用。
② 热锅注水烧热，放入豆腐，焯水 2 分钟，倒出备用。
③ 热锅注油烧热，放入豆瓣酱炒香；再放入蒜末炒出香味；倒入鸡汤拌匀烧开。
④ 放入豆腐烧开，撒入鸡粉，拌匀至入味；加入水淀粉勾芡；撒入花椒粉调味，撒入葱花即可。

嫩南瓜豆腐饼

材料 嫩南瓜 100 克，面粉 100 克，豆腐 90 克，盐 1 克，食用油适量

做法

① 洗净的嫩南瓜去皮，切碎，待用。
② 洗好的豆腐装碗，用筷子夹碎，倒入切碎的嫩南瓜，放入面粉。
③ 一边倒入少许清水一边不停搅拌，将食材拌匀。
④ 加入盐，搅匀成饼糊，待用。
⑤ 热锅注油，取适量饼糊放入锅中，逐一弄成饼状，煎至微黄，翻面再煎好即可。

Tips:
★煎饼宜用中小火，要注意翻面，避免将饼煎煳。如果时间上把握不好，以煎至能轻易翻面为准。

豆皮

豆皮的选购

上等的豆腐皮呈均匀一致的白色或淡黄色，有光泽，无杂质；拿在手上薄厚度均匀一致，软硬适度又富有韧性，不黏手；细细一闻有豆腐固有的清香味。

豆皮也能成为餐桌的主角

在追求健康的潮流下，素食成为了一种时尚。蔬果中的维生素搭配豆制品中的蛋白质能满足身体的需要，蔬果爽脆鲜香、豆腐皮薄而筋道，两者皆为凉拌佳品。制作时只要将食材清洗干净，切成容易入口的丝状或块状，再调入沙拉酱、千岛酱、番茄酱、油醋汁、芝麻等自己喜欢的辅助酱料，即可完成分量十足又营养均衡的诚意满满的菜肴。

在家也能做百变豆皮

豆皮虽朴素，却因其软硬适度、煮炖不烂、煎炒不碎等亲民的本质得到了食客们的喜爱，它能与众多的食材搭配，也能适应多种烹饪方法，在菜肴中总能表现出绝佳的口感。浸湿的豆皮切丝，能与时蔬同炒；卷入肉糜，可煎成肉卷；切成小块，炸得酥脆；撕成条状后搭配高汤，滋味无穷；卷入腊肉，蒸熟即可。百变的豆皮，鲜香可口又有营养，可以为餐桌增色不少。

豆皮的“好搭档”

+

带鱼

白萝卜

胡萝卜

芹菜

豆腐皮包子

材料 豆腐皮1张，猪肉泥100克，黑木耳50克，香菇50克，韭菜适量，盐4克，生抽适量

Tips:
★从蒸锅中取出的豆腐皮包子不要马上吃，要稍微放凉，不然会烫到嘴巴。

做法

① 将豆腐皮洗净，再切成方方正正的小片（边角料切末后可放进馅料中，避免浪费），备用。
② 黑木耳洗净切碎；香菇洗净切碎；韭菜洗净切碎（留下几根焯水后用来扎包子口），备用。
③ 猪肉泥中加入黑木耳、香菇、韭菜、豆腐皮末，拌匀；再加入盐、生抽，拌匀成馅料，腌渍片刻。
④ 取豆腐皮，放上适量馅料；取焯好的韭菜扎好，放在蒸盘中；重复动作，包好豆腐皮包子。
⑤ 蒸锅注水烧开，放入蒸盘，蒸约10分钟即可。

芹菜豆皮

材料 豆皮110克，芹菜100克，白芝麻适量，蒜末少许，盐、鸡粉各2克，胡椒粉3克，食用油适量

做法

① 洗净的芹菜切段；洗好的豆皮切段，备用。
② 用油起锅，放入蒜末，爆香；倒入芹菜段，炒香；放入豆皮段，炒匀。
③ 注入适量清水，加入盐、鸡粉、胡椒粉，翻炒约3分钟至入味。
④ 撒上白芝麻，拌匀，关火后盛出炒好的菜肴即可。

Tips:
★日常炒豆皮时可以放入适量的清水，这样豆皮就不会炒得太干，影响口感。

豆干

少量购买，及时食用

在商场购买豆干时一定要注意其是否有冷藏保存，留意真空包装是否出现漏气现象或抽取不彻底现象，是否标明相关的卫生标识与生产日期，以确保其新鲜度与营养。当天使用剩余的豆干，应用保鲜袋扎紧放置冰箱内，并尽快吃完，如发现袋内有异味或豆干制品表面发黏，请不要食用。

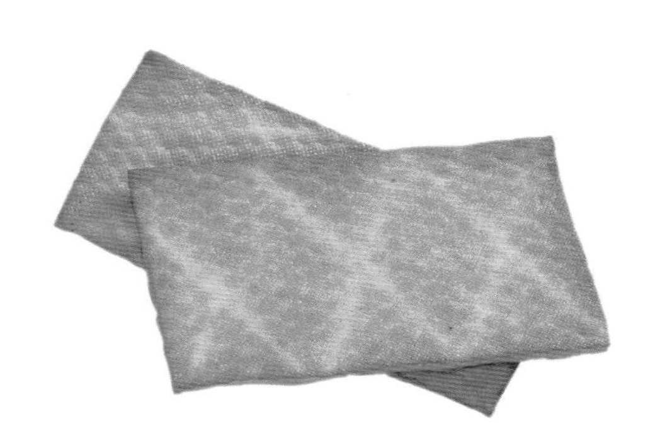

让豆干更有味

豆干是豆腐的再加工制品，口感是硬中有韧劲。豆干的肉质较为紧致，调味料无法在短时间内渗入到内部，导致烹煮时不易入味，如果与其他容易入味的食材一同烹煮，会造成咸淡味道不均匀。因此建议用于煸炒的豆干先用少许清水和适量调味料焖煮片刻，等豆干质地变软时再放入其他食材与剩余调味料，这样菜色就会更为鲜美可口。

豆制品与蜂蜜

豆制品与蜂蜜都是对人体健康极为有利的食品，但将两者搭配食用会造成身体不适。因为豆制品有清热散血、排毒润肠的功效。而蜂蜜甘凉滑利，一起食用容易造成泄泻。此外，蜂蜜中含有多种酶，与豆制品烹制时会与其多种矿物质、植物蛋白及有机酸等发生反应，会阻碍营养的吸收。

豆干的“好搭档”

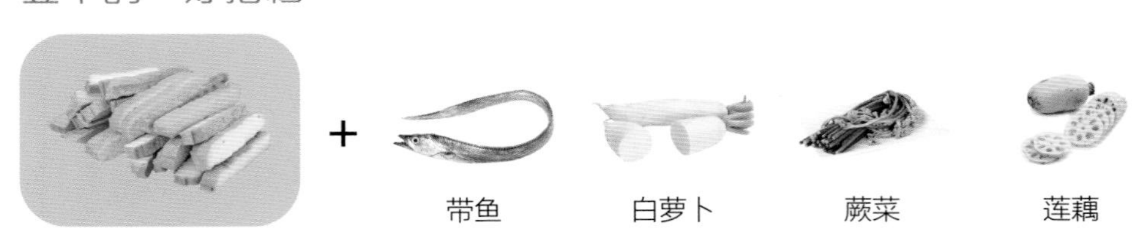

炒豆干藕丁

材料 豆干200克，莲藕200克，黄椒50克，红椒50克，蒜末少许，盐2克，鸡粉2克，老干妈酱15克，料酒5毫升，生抽4毫升，水淀粉4毫升，食用油适量

Tips:

★洗净切丁后的莲藕用食盐水或食醋水浸泡可防止其变色。

做法

① 将洗净的豆干切成丁；洗净的莲藕切成丁；洗净的黄椒切成丁；洗净的红椒切成丁，备用。

② 锅底注油，放入蒜末、红椒、青椒，拌炒香；倒入切好的豆干，拌匀。

③ 淋入料酒，加入盐、生抽、老干妈酱、鸡粉，拌炒匀；再淋入少许清水，翻炒片刻。

④ 倒入水淀粉，炒匀后关火，盛出装盘即可。

豉油卤豆干

材料 豆干200克，卤料包1个，蒜头10克，红葱头20克，葱结15克，香菜15克，盐30克，生抽20毫升，老抽20毫升，鸡粉10克，白糖、食用油、高汤各适量

做法

① 炒锅注油烧热，倒入蒜头、红葱头、葱结、香菜，爆香；放入白糖，炒至溶化；倒入高汤，用大火煮沸；放入卤料包，转中火煮沸。

② 加入盐、生抽、老抽、鸡粉，拌匀入味，转小火煮约30分钟，挑去葱结、香菜，即成精卤水；再放入豆干，用小火卤制15分钟，捞出，放入盘中浇上少许卤水即可。

Tips:

★豆干鲜美可口、口感滑嫩，日常炒炸豆干时，要控制好时间和火候，以免其焦煳而影响口感。

腐竹

温水泡发腐竹

泡发腐竹要注重水温，温水泡发 3~5 小时即可使用；若水太冷，泡发腐竹所需的时间很长，营养就会随之流失；若水太热，泡发出来的腐竹就软硬不均匀，呈现外部烂软、内部偏硬的状态，会影响口感。

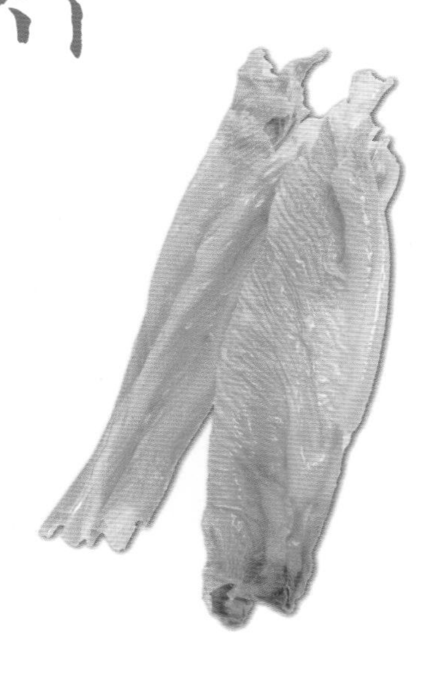

腐竹如何储存

干燥通风的地方适合腐竹的存放，不然很容易造成发霉或者受潮。为了增长腐竹保存的时间，一般含水分过高的腐竹可以晾晒，使水分降低到 12%～14%，然后装入食品袋，扎紧袋口，或者用保密性能良好的防潮盒装好，再放到干燥的地方。

巧辨腐竹

质量较好的腐竹，颜色为淡黄色，有一定的光泽，透过光线能清楚看到其内部的纤维组织；外形为枝条或片叶状，质脆易折，无霉斑、杂质、虫蛀。条状的折断有空心，有其特有的大豆鲜香味。浸泡后轻拉有弹性，泡发的水呈黄色且不浑浊。质量欠佳的腐竹香味淡或出现霉味等怪异气味，浸泡后没有弹性，泡发的水是黄色的但浑浊，食用后会影响健康，千万不要购买。

腐竹的“好搭档”

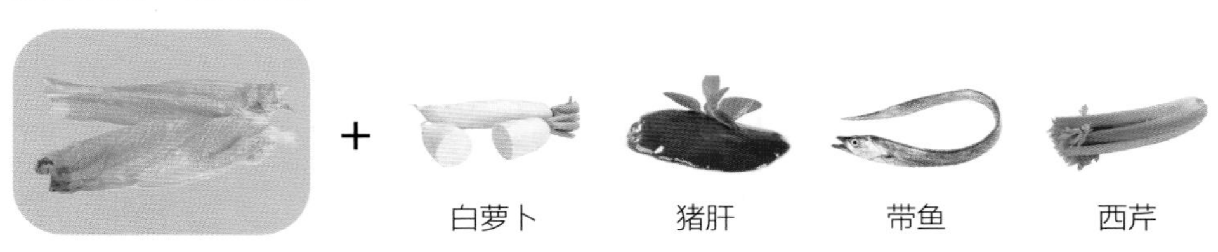

彩椒炒腐竹

材料 水发腐竹250克，青椒、红椒、黄椒各30克，蒜末、葱花各少许，盐3克，生抽2毫升，鸡粉2克，水淀粉、食用油各适量

Tips:
★腐竹宜用温水泡发，不能用热水，否则腐竹会碎掉，影响成品外观。

做法

① 洗净的青椒、红椒和黄椒切成菱形片；水发腐竹洗净切段，备用。
② 锅中注油，放入蒜末、青椒、红椒和黄椒，爆香；加入少许清水，放入腐竹，炒匀。
③ 加入适量盐、生抽、鸡粉，翻炒片刻；盖上锅盖，用小火焖煮2~3分钟至食材入味。
④ 再加入少许水淀粉，翻炒片刻，盛入盘中，撒上葱花即可。

鹌鹑蛋烧腐竹

材料 熟鹌鹑蛋（去壳）250克，水发腐竹100克，火腿30克，青椒30克，红椒30克，蒜末适量，白糖2克，盐3克，水淀粉10毫升，蚝油、老抽、食用油各适量

做法

① 火腿切成菱形片；红椒洗净切成菱形片；青椒洗净切成菱形片；水发腐竹洗净切段，备用。
② 用油起锅，放入鹌鹑蛋，略煎至表皮呈金黄色。
③ 锅底留油，放入蒜末爆香；放入腐竹、火腿，翻炒片刻；放入鹌鹑蛋、白糖、盐、蚝油、老抽，拌匀；再放入适量清水，拌匀，焖煮片刻。
④ 倒入青椒、红椒，拌炒；再加入水淀粉勾芡即成。

Tips:
★用香菇、胡萝卜、木耳等食材来烧腐竹也是个不错的选择。

Chapter 6

主食杂粮天天见，寻找百吃不厌的理由

一日三餐，主食少不了，有的家庭能将主食吃出各种花样，让每一顿都充满期待；有的家庭则千篇一律，寡淡乏味。饮食就应该充满乐趣、让人愉悦，下面让我们一起寻找主食中的烹饪秘密吧！

如何选购大米

想要煮出好吃的饭，先决条件就是米本身要好吃。购买大米时，可以从颜色、气味等方面来判断其品质优劣。

看颜色：一是看新粳米色泽是否呈透明玉色状，未熟粒米可见青色（俗称青腰）；二是看新米“米眼睛”（胚芽部）的颜色是否呈乳白色或淡黄色，陈米则颜色较深或呈咖啡色。

闻气味：新米有股浓浓的清香味；陈谷新轧的米少清香味；而存放一年以上的陈米，只有米糠味，闻不到清香味。

尝味道：新米含水量较高，吃上一口感觉很松软，齿间留香；陈米则含水量较低，吃上一口感觉较硬。

买好的大米也要注意保存，可以放进能够完全密封的不锈钢容器里，这样就不必担心被其他食品的气味影响。

米饭制作指导

1. 煮饭时，加少量食盐、少许猪油，饭会又软又松；滴几滴醋，煮出的米饭会更加洁白、味香。

2. 加热时间过长，维生素 B_1 损失会超过 30%，如果撇去米汤水，维生素损失会超过 40%。

3. 做米饭最好用“蒸”，蒸饭比“捞”饭可多保存 5% 的蛋白质、18% 的维生素 B_1。

陈米也可以蒸出新米的味道

如果家里的米已经是陈米了，我们只要在烹饪中稍作调整，陈米也可以蒸出新米的味道。在洗米、泡米、加水后，我们在锅里加入少量的精盐或花生油（必须是烧熟凉凉的）。然后插上电，开始蒸煮。一锅粒粒饱满、剔透晶莹、米香四溢的米饭就完成了！

米饭的“好搭档”

+

豌豆

鸡蛋

玉米

香菇

什锦豆饭

材料　水发大米 50 克，水发白扁豆 20 克，水发红豆 15 克，豌豆 30 克

Tips:

★食材用温水泡发，可缩短泡发时间。

★滴点香油会让米饭更香，加入一丁点盐，可以让米饭更有味。

做法

① 砂锅中注入适量的清水，大火烧开。

② 倒入泡发好的大米、白扁豆、红豆，搅拌匀，大火煮开后转小火煮 10 分钟。

③ 倒入备好的豌豆，拌匀，用小火续煮 30 分钟至熟软。

④ 将煮好的饭盛出装入碗中即可。

香菇牛肉饭

材料　香菇 40 克，牛肉 80 克，洋葱 70 克，米饭 100 克，盐、水淀粉、食用油各适量

做法

① 洗净的洋葱切粒；洗净的香菇切粒；洗净的牛肉切粒，待用。

② 用油起锅，倒入洋葱粒炒匀，放入牛肉粒，炒至稍微转色，加入香菇粒，翻炒数下。

③ 注入适量清水，倒入米饭，压散搅匀，加入盐，搅匀，煮至食材熟软，放入水淀粉，焖至汁液黏稠即可。

Tips:

★牛肉切粒之前先放开水中氽烫一下。

★如果有时间的话可直接放在砂锅里炖，味道更好。

面条

面条的种类

1. 面条按品种可分为挂面、方便面（油炸、非油炸）、杂粮面、手排面、快熟面、蝴蝶面、手擀面、生鲜面、半干面、碱水面、乌冬面、鸡蛋面、南方手盘面、饸烙面、拉面、冷面。

2. 面条按特色可分为上海阳春面、兰州拉面、马兰拉面、北京炸酱面、河南烩面、香港牛肉面、陕西臊子面、山西刀削面、武汉热干面、新疆拉条。

3. 面条按做法可分为汤面、拌面、蒸面、炒面、捞面、焖面、烩面。

做出劲道面条的小技巧

1. 制作面条要选择面筋含量较高的面粉。面筋是指面粉筋力的强弱和蛋白质含量。面粉一般分为高筋粉、中筋粉和低筋粉三种。面筋质量越高，面粉的质量就越好。

2. 和面时要注意水温。一般冬天用温水，其他季节用凉水。和好的面团要保持在30℃，此时面粉中的蛋白质吸水性最好，面条弹性最大。

3. 和面时适量加入少许碱或盐，能提高面筋质量。

面条中午吃更健康

面条含有丰富的碳水化合物，能为人体提供足够的能量，而且在煮的过程中会吸收大量水分，一般 100 克面条煮熟后会变成 400 克左右，因此食用后能产生较强的饱腹感。此外，面条含有的 B 族维生素对脑细胞有刺激作用，其中的维生素 B_1、维生素 B_{12} 参与了神经细胞的生长与修复。

所以中午吃一碗营养搭配合理的面条是不错的选择。而早上应该吃些蛋白含量较高的食品，晚上吃面则不利于消化吸收。

面条的“好搭档”

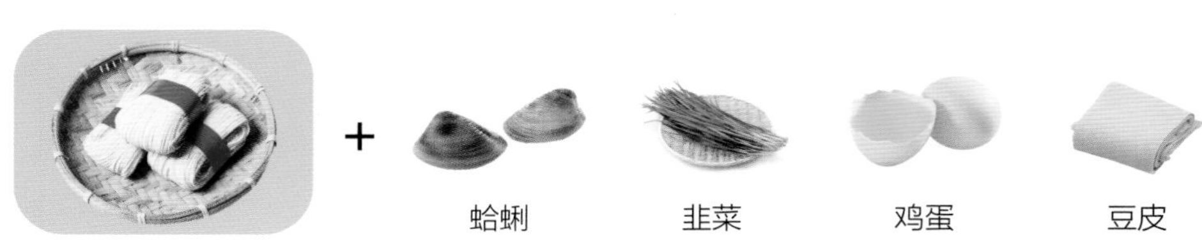

蛤蜊荞麦面

材料 蛤蜊200克，荞麦面130克，干辣椒100克，蒜末30克，姜末30克，香菜碎、盐、鸡粉、黑胡椒粉、食用油各适量

Tips:

★汆过水的面条可再过一道凉水，口感会更好。

★买回来的蛤蜊先放入盐水中，让其排出泥沙。

做法

① 锅中注水烧开，倒入荞麦面，搅匀，煮至软，将荞麦面捞出，沥干水分。

② 用油起锅，倒入干辣椒、姜末、蒜末，爆香，倒入蛤蜊，注入清水，大火煮至蛤蜊开壳。

③ 倒入煮软的荞麦面，加入盐、鸡粉、黑胡椒粉，搅拌匀，煮至入味。

④ 将煮好的面条盛出装入盘中，摆上香菜碎即可。

韭菜炒黄面

材料 千张110克，韭菜100克，熟黄面条170克，蒜末少许，盐、鸡粉各1克，生抽、老抽各5毫升，食用油适量

做法

① 洗净的千张卷成卷，切丝；洗好的韭菜切段。

② 热锅注油，倒入蒜末，爆香，倒入千张丝、韭菜，翻炒至食材八分熟。

③ 加入熟黄面条，翻炒至熟软，注入生抽、老抽，炒至着色均匀。

④ 加入盐、鸡粉，炒匀调味，将炒好的面条装入盘中即可。

Tips:

★韭菜在炒制的时候最好用快炒的方式，否则容易发黄，也会影响口感。

★韭菜容易残留农药，需仔细认真清洗干净。

馒头

判断蒸馒头生熟的方法

1. 用手轻拍馒头，有弹性即熟。
2. 撕一块馒头的表皮，如能揭开皮即熟，否则未熟。
3. 手指轻按馒头后，凹坑很快平复为熟馒头，凹陷下去不复原的，说明还没蒸熟。

速冻馒头如何快速解冻

速冻馒头不管是用普通蒸锅，还是电蒸锅，都需要 5~10 分钟的时间，才能让冻得硬邦邦的馒头复原。

如果时间有限，或者饥饿难耐，想尽快把馒头吃到嘴里，你可以按下面的方法给馒头解冻。准备一碗白开水，把冷冻的馒头在白开水里浸一下，然后放入微波炉，高火加热 2 分钟就可以了，加热后的馒头就像刚买的时候一样松软。

蒸馒头好吃的技巧

1. 蒸馒头时，如果面似发非发，可在面团中间挖个小坑，倒进两小杯白酒，停 10 分钟后，面就发开了。

2. 发面时如果没有酵母，可用蜂蜜代替，每 500 克面粉加蜂蜜 15~20 克。面团揉软后，盖湿布 4~6 小时即可发起。蜂蜜发面蒸出的馒头松软清香，入口回甜。

3. 冬天室内温度低，发面需要的时间较长，如果发酵时在面里放点白糖，就可以缩短发面的时间。

4. 在发酵的面团里，人们常要放入适量碱来除去酸味。检查施碱量是否适中，可将面团用刀切一块，上面如有芝麻粒大小均匀的孔，则说明用碱量适宜。

5. 蒸馒头时，在面粉里放一点盐水，可以促使发酵，蒸出的馒头又白又宣。

馒头的“好搭档”

\+

鸡蛋

豆浆

牛奶

酸奶

孜然鸡蛋馒头

材料 馒头 100 克，鸡蛋 1 个，黑胡椒 5 克，孜然粉 7 克，盐、食用油各适量

Tips:
★炸好的馒头要沥干油，味道才会好。
★炸馒头丁时要控制好油温，防止馒头被炸糊。

做法

① 把馒头切厚片，再切粗条，改切成丁。
② 取一个大碗，打入鸡蛋，加入盐、黑胡椒、3 克孜然粉，搅匀，倒入馒头丁，混合均匀。
③ 锅中注入适量食用油，烧至五成热，倒入馒头丁，搅匀，炸至金黄色。
④ 将馒头捞出，装入盘中，撒上孜然粉即可。

黄金馒头片

材料 馒头 175 克，鸡蛋液 70 克，盐少许，食用油适量

做法

① 备好的馒头切成片状；鸡蛋液打散，加入盐，搅拌匀。
② 将馒头片两面均匀地裹上蛋液，装入盘中。
③ 热锅注油烧热，放入馒头片，煎出香味。
④ 将馒头片翻面，煎至两面呈金黄色，将煎好的馒头片盛出装入盘中即可。

Tips:
★煎馒头片的时候油温不宜过高，以免煎焦。
★馒头尽量切得厚薄均匀一致。

饺子

煮水饺不粘三法

1. 在和饺子面时，每 500 克面中加入 1 个鸡蛋，可使蛋白质含量增多，煮水饺时蛋白质收缩凝固，饺子皮变得结实，不易粘连。

2. 水烧开后加入适量食盐，待盐溶解后再下饺子，直到煮熟，不用点水，不用翻动。

3. 饺子煮熟后，先用笊篱把饺子捞起，入温开水中浸一下，再装盘，就不会粘在一起了。

三种常吃的饺子馅做法

1. 圆白菜猪肉馅

材料：圆白菜半棵，五花肉末 500 克，金针菇一把，小葱 5~6 棵，料酒、盐、香油、生抽、老抽各适量

做法：将五花肉末倒入盆中，加入盐、料酒、清水、生抽、老抽，用筷子朝一个方向搅拌上劲；圆白菜切碎末，金针菇切碎，小葱切碎，放入肉中拌匀，再加香油拌匀即成馅料。

2. 韭菜鸡蛋馅

材料：韭菜一捆，鸡蛋 3 个，木耳 50 克，盐、调和油、胡椒粉、海鲜酱油各少许

做法：将鸡蛋打散，加盐炒熟后弄碎；木耳切碎放进鸡蛋里；韭菜切成末放进盆里，加入调和油拌匀；将炒好的鸡蛋和木耳加进韭菜里，放点胡椒粉和海鲜酱油调味。

3. 冬菇鲜肉馅

材料：鲜肉馅 300 克，冬菇丁 100 克，葱酥 2 大匙，食用油、盐、糖、白胡椒粉、五香粉各适量

做法：将所有材料与调味料放入容器中搅拌均匀即可。

饺子的“好搭档”

+

胡萝卜

猪肉

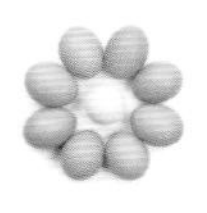

鸡蛋

醋

韭菜鸡蛋饺

材料 韭菜75克，饺子皮85克，鸡蛋液30克，虾皮10克，盐、鸡粉、花椒粉、食用油各适量

Tips:

★在煮饺子的过程中，加入适量的大葱，可以防止饺子成坨，而且还能提高饺子的香味。

做法

① 洗净的韭菜切碎；鸡蛋液打散，入油锅快速炒散，盛出。

② 取一碗，倒入鸡蛋、虾皮、韭菜碎，加盐、鸡粉、花椒粉、食用油，拌匀入味，制成馅料。

③ 取适量清水在饺子皮边缘抹一圈，往饺子皮上放馅料，将饺子皮两边捏紧，制成饺子生坯。

④ 锅中注水烧开，倒入饺子生坯，拌匀，煮开后再煮至饺子熟透，盛出煮好的饺子即可。

四喜饺子

材料 芹菜150克，去皮胡萝卜150克，葱碎、姜末各20克，鸡蛋3个，木耳、肉末各50克，面粉300克，鸡粉、白糖、盐、胡椒粉、料酒、芝麻油、食用油各适量

做法

① 胡萝卜切末；洗净的木耳切末；芹菜用刀拍扁，改切成末；鸡蛋打入碗中搅匀。

② 起油锅，倒入蛋液煎至金黄色，盛出切碎；将面粉倒台面上，加入适量开水，揉制成为团，发酵时间约20分钟。

③ 肉末再次剁碎，加入姜末、葱碎、芝麻油、鸡粉、料酒、盐、胡椒粉、白糖，拌匀入味。

④ 取出发酵好的面团，制成薄厚均匀的面皮，加入适量肉后两面朝中心对折，中间捏紧，整理好四角，留下空隙放置其他食材，入蒸锅蒸煮10分钟即可。

包子

蒸包子的最佳时间

一般家里制作包子，包子生坯包好后就要上笼蒸了，在此要掌握好蒸包子的时间。生坯逐个放入笼屉中后，每个包子之间要留有约两指宽的空隙。笼屉放入锅中，锅底加适量清水，加盖，用旺火蒸10~15分钟即熟。

包子好吃有妙招

包子是我国的传统美食，在北方城市颇受欢迎。下面，我们一起学学怎样做包子更美味吧！

1. 用牛奶和面。用牛奶和面其实比用清水和面效果要好，面皮会更有弹性，而且营养更胜一筹。

2. 面里加点油。尤其是包肉包子的时候，最好在和面时加一点油进来，这样就会避免蒸制的过程中油水浸出，让面皮部分发死，甚至整个面皮皱皱巴巴、卖相不佳。

3. 面的软硬有讲究。包子的面，软硬程度可以根据馅料的不同进行调整。如果馅料比较干，皮可以和软一些。如果馅料是易出水的，那就和得略硬一些，包好后，让它多饧发一会就好了。

4. 面皮的厚薄要适宜。包子的皮不需要擀得特别薄，否则薄薄的一小层，面饧发得再好，也不会有宣软的口感。当然也别太厚了。

蒸好的包子开盖后为什么会塌陷

1. 可能是面皮擀得太大，而肉馅包得又太少，所以包起来后里面还有很多空隙，包子自然会塌陷。

2. 再者就是包子蒸好后马上开盖，包子瞬间从热到冷收缩所致。建议关火后再等2分钟后开盖，这样就能避免包子塌陷。

包子的“好搭档”

+

豆腐

鸡蛋

韭菜

猪肉

蜜汁叉烧包

材料 叉烧肉片90克，叉烧馅80克，面种500克，白糖、低筋面粉、泡打粉、臭粉各适量

Tips:
★面种是由低筋面粉与酵母按一定比例加清水揉搓成面团，经发酵而制成的。
★面种发酵时要用保鲜膜密封好，以免面团水分蒸发、流失。

做法

① 把叉烧馅装入碗中，放入叉烧肉片，拌匀，制成馅料；面种中加入白糖，揉搓成纯滑的面糊。
② 臭粉加清水调匀，加入面糊中，揉搓均匀，加入泡打粉、低筋面粉，混匀，搓成光滑的面团。
③ 取适量面团，擀成圆饼状面皮，取适量馅料放在面皮上，收口，捏紧，制成叉烧包生坯。
④ 生坯粘上一张包底纸，放入蒸笼里，放入烧开的蒸锅，大火蒸6分钟即可。

韭菜鸡蛋豆腐粉条包

材料 面粉300克，无糖椰粉60克，牛奶50毫升，白糖50克，酵母粉20克，豆腐70克，韭菜100克，水发薯粉、鸡蛋液、盐、鸡粉、花椒粉、食用油、生抽各适量

做法

① 备好的豆腐切丁；泡发好的薯粉切碎；洗好的韭菜切碎；鸡蛋液打散搅匀，入油锅翻炒松散，倒入豆腐丁、薯粉，翻炒匀后装碗。
② 取一个碗，倒入炒好的料，加入韭菜、盐、鸡粉、花椒粉、食用油、生抽，拌匀，制成馅料。
③ 取一个碗，倒入面粉、酵母粉、椰粉、白糖、牛奶、温开水，再次搅拌匀，揉成面团，用保鲜膜封住碗口，在常温下将面团发酵2个小时。
④ 将面团揉匀，搓成长条，揪成5个大小一致的剂子，擀制成包子皮，放入适量馅料，制成包子生坯，放入笼屉蒸15分钟至熟即可。

小米

如何选购小米

小米体形小，可以从外形、气味、味道等方面去挑选。

观外形： 优质小米米粒大小、颜色均匀，呈乳白色、黄色或金黄色，有光泽，很少有碎米，无虫，无杂质。

闻气味： 优质小米闻起来具有清香味，无其他异味。严重变质的小米，手捻易成粉状，碎米多，闻起来微有霉变味、酸臭味、腐败味或其他不正常的气味。

尝味道： 优质小米尝起来味佳，微甜，无任何异味。劣质小米尝起来无味，微有苦味、涩味及其他不良滋味。

吃小米的注意事项

由于小米性稍偏凉，气滞者和体质偏虚寒、小便清长者不宜过多食用。

小米应用凉水淘洗，不能用手搓，以避免营养成分的流失，且不要长时间浸泡。

熬小米粥时不要加碱，以防破坏其中的B族维生素。

对小米过敏者忌食用，以免引起过敏反应。

如何保存小米

保存小米最好的办法就是将小米放在阴凉、干燥、通风较好的地方。小米不宜放在水多的地方，否则容易受潮，引起变质或者发霉，变质和发霉的小米是千万不可食用的。小米也不宜放在阳光暴晒的地方，这样也容易变质或者发霉。在保存小米之前，要先将小米的糠杂去除掉，保存好后如果发现小米发热，就要及时除糠、降温，否则容易霉变。

小米的“好搭档”

+

红薯

洋葱

排骨

猪肉

小米蒸红薯

材料 水发小米80克，去皮红薯250克

Tips:
★小米应泡2小时以上，以便蒸煮熟软。
★红薯要切得大小均匀后再蒸。

做法

① 红薯切小块；将切好的红薯块装碗，倒入泡好的小米。
② 搅拌均匀，将拌匀的食材装盘。
③ 备好已注水烧开的电蒸锅，放入食材，调好时间旋钮，蒸30分钟至熟。
④ 取出蒸好的小米和红薯即可。

小米洋葱蒸排骨

材料 水发小米200克，排骨段300克，洋葱丝35克，姜丝少许，盐3克，白糖、老抽各少许，生抽3毫升，料酒6毫升

做法

① 洗净的排骨段装碗，放入洋葱丝，撒上姜丝，搅拌匀，再加入盐、白糖。
② 淋上料酒、生抽、老抽，倒入小米，拌匀。
③ 再把拌好的材料转入蒸碗中，腌渍约20分钟，蒸锅上火烧开，放入蒸碗。
④ 用大火蒸至食材熟透，取出蒸好的菜肴，稍微冷却后食用即可。

Tips:
★腌渍材料的时间可长一些，这样菜肴的口感更好。
★小米一定要浸泡后才能煮开，吃起来软糯。

燕麦

如何选购燕麦

市面上的燕麦一般是精加工过的，可以通过以下方法来辨别燕麦质量的优劣。

看形状：尽量选择能看得见燕麦片特有形状的产品，即便是速食产品，也应当看到已经散碎的燕麦片。

看甜味：尽量不要选择甜味很浓的产品，这意味着其中 50% 以上是糖分。

看黏度：尽量不要选择口感细腻、黏度不足的产品，因为其中燕麦片含量不高，糊精之类的成分含量高。

看添加：尽量不要选择添加奶精或植脂末的产品，因为这些成分对健康不利。

看蛋白质：如果包装不透明，注意看一看产品的蛋白质含量。如果在 8% 以下，那么其中燕麦片比例过低，不适合作为早餐的唯一食品，必须配合牛奶、鸡蛋、豆制品等蛋白质丰富的食品一起食用。

别把麦片当成燕麦片

燕麦片是燕麦粒轧制而成，呈扁平状，相当于黄豆粒大小，形状完整（速食燕麦片有些散碎感，但仍能看出其原有形状）。麦片则是小麦、大米、玉米、大麦等多种谷物混合而成，燕麦只占一小部分，或根本不含有燕麦片。国外麦片多加入水果干、坚果片与豆类碎片，相对好一些，至少可使膳食纤维更丰富一点；国内麦片则不然，加入的多是麦芽糊精、砂糖、奶精、香精等，而砂糖和糊精会提高血糖上升速度；奶精含有部分氢化植物油，其中的“反式脂肪酸”成分可促使心脏病发生，故一定要慎重选择。

燕麦片烹饪注意

烹制燕麦片的一个关键就是要避免长时间高温煮，否则会造成维生素被破坏。燕麦片煮的时间越长，其营养损失就越大。生麦片需要煮 20~30 分钟；熟麦片则只需 5 分钟；熟燕麦片与牛奶一起煮只需要 3 分钟，中间最好搅拌一次。

燕麦的“好搭档”

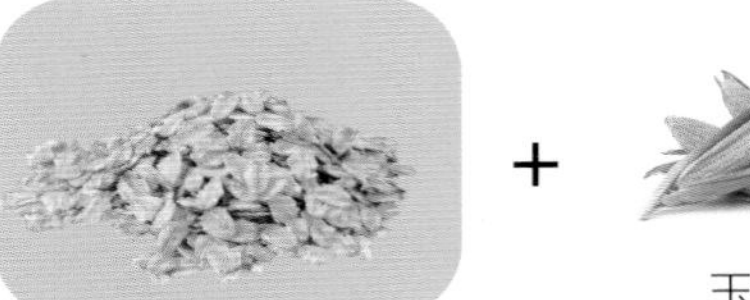

\+

玉米

冬瓜

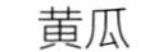

黄瓜

圣女果

玉米燕麦粥

材料 玉米粉 100 克，燕麦片 80 克

Tips:
★玉米粉先用清水搅拌成面糊，再倒入开水中煮，以免结块。
★控制好火侯，不断搅拌，防止煮煳。

做法

① 取一碗，倒入玉米粉，注入适量清水，搅拌均匀，制成玉米糊。
② 砂锅中注入适量清水烧开，倒入燕麦片，加盖，大火煮 3 分钟至熟。
③ 揭盖，加入玉米糊，拌匀，稍煮片刻至食材熟软。
④ 关火后将煮好的粥盛出，装入碗中即可。

冬瓜燕麦片沙拉

材料 去皮黄瓜 80 克，去皮冬瓜 80 克，圣女果 30 克，酸奶 20 克，熟燕麦 70 克，沙拉酱 10 克，盐 2 克

做法

① 洗净的圣女果对半切开；洗好的黄瓜切成丁；洗净的冬瓜切丁。
② 锅中注水烧开，倒入冬瓜，加入盐，焯煮片刻，将焯煮好的冬瓜捞出，放入凉水中。
③ 待冬瓜凉后捞出，沥干水分，放入碗中，倒入黄瓜、熟燕麦，拌匀。
④ 取一盘，将圣女果摆放在盘子周围，倒入拌好的食材，浇上酸奶，挤上沙拉酱即可。

Tips:
★水果、蔬菜一定要清洗干净。
★一定要用较浓厚的酸奶，口感更佳。

黄豆

如何选购黄豆

购买黄豆时，可以从外形、颜色、气味、干湿度等方面去判断质量的优劣。

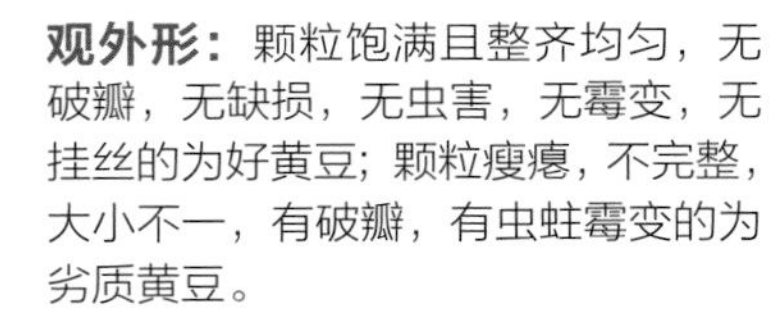

观外形：颗粒饱满且整齐均匀，无破瓣，无缺损，无虫害，无霉变，无挂丝的为好黄豆；颗粒瘦瘪，不完整，大小不一，有破瓣，有虫蛀霉变的为劣质黄豆。

看颜色：颜色明亮有光泽的是好黄豆；若色泽暗淡、无光泽则为劣质黄豆。

闻气味：优质黄豆具有正常的香气和口味，有酸味或霉味者质量较次。

干湿度：牙咬豆粒成碎粒，发音清脆，说明黄豆干燥；若发音不脆，则说明黄豆潮湿。

黄豆的食用方法

1. 黄豆可以鲜吃，也可以对其进行干燥处理或提炼出豆奶，且黄豆极适宜做炖菜。

2. 黄豆粉能使沙司变稠，为蛋糕、松饼和甜饼提味。黄豆粉味道很浓烈，因此使用时最好少用一点。

3. 黄豆芽生食或烹食都可以。

黄豆如何保存

严格控制黄豆含水量，长期保存水分不能超过 12%。黄豆收获后，要在豆荚上充分晒干再脱粒。

保存前用塑料袋装好，放进密封的容器里，置于阴凉、干燥、通风处保存，并注意防鼠、防霉变。

也可把黄豆晒干后装进瓶子里，再放几颗大蒜子，最后把瓶子盖紧。如果瓶子的面积大就多放点大蒜子，这样可以存放一年。

黄豆的“好搭档”

+

猪蹄

牛肉

韭菜

黑芝麻

双瓜黄豆排骨汤

材料 冬瓜150克，苦瓜80克，水发黄豆85克，排骨段150克，姜片少许，盐、鸡粉各少许

Tips:

★苦瓜的瓤和子比较苦，怕苦的尽量去除干净。

★清水要一次性放，不要中途加水，所以，火候的控制很重要。

做法

① 将洗净的冬瓜切块；洗好的苦瓜切开，去子，再切小块。

② 锅中注水烧开，放入洗净的排骨段，汆煮一会儿，去除血渍后捞出。

③ 砂锅中注水烧开，放入排骨、冬瓜、苦瓜、黄豆，撒上姜片，煲煮至食材熟透。

④ 加入盐、鸡粉，搅匀，续煮一小会儿，盛出排骨汤，装在碗中即可。

韭菜黄豆炒牛肉

材料 韭菜150克，水发黄豆100克，牛肉300克，干辣椒少许，盐、鸡粉、水淀粉、料酒、老抽、生抽、食用油各适量

做法

① 锅中注水烧开，倒入洗好的黄豆，略煮一会儿，至其断生，捞出黄豆，沥干水分。

② 洗好的韭菜切段；洗净的牛肉切丝，加水淀粉、少量的盐和料酒，搅匀，腌渍10分钟至其入味。

③ 热锅注油，倒入牛肉丝、干辣椒，翻炒至变色，淋入料酒，放入黄豆、韭菜，加入盐、鸡粉、老抽、生抽，翻炒入味即可。

Tips:

★黄豆可和牛肉丝一起放入，多烹炒一会儿。

★加入韭菜快炒几下就可以出锅了，这样可以保持韭菜的鲜嫩特色。

Chapter 7
烹饪技法全解析，一步一步为美味加分

烹饪方法以及食材处理方法是使食材从原始形态转变成美味佳肴的关键，食材经过不同的处理方法以及烹调方法会碰撞出别样的火花。了解更多烹饪技法，并运用到日常烹调中，就会给菜肴加分。

常用烹饪方法

炒是最基本的烹调方式之一，日常使用较为广泛，其具体方法可分为生炒、熟炒、软炒、干炒等。众多食材适用于炒，只要经过刀工处理成丁块、丝状、条状、球形，再放入注油烧热的炒锅中即可。用锅铲快速翻拌可避免粘锅或食材生熟度不一致。

切记根据食用需求加入食用油的量，火候的大小与油温也要把握好。食材投放有序，便可做出软熟度恰当的菜肴。

拌的烹饪方式主要运用于冷菜的制作，拌的菜肴一般具有鲜嫩、爽口的特点。其用料广泛，荤、素均可，生、熟皆宜。

拌菜常用的调味料有精盐、酱油、味精、白糖、芝麻酱、辣酱、芥末、醋、五香粉、葱、姜、蒜、香菜等。

拌菜的选料要求新鲜、干净卫生，以保证食用的安全；搭配颜色要清爽淡雅；调拌要均匀，口味以酸甜为主，香味要足；若食材需要焯煮，要控制好火候，过于熟烂会影响色泽和口感。清新爽口的凉拌菜充分保留了食材的原汁原味，能有效提高食欲，在夏日最受欢迎。

烧是原料在烧制之前，先将原料放入油锅中煸炒断生，然后再放入调味品和汤(或水)，用温火烧至酥烂，再转旺火烧，促使汤汁浓稠。一般烧菜的汤汁约为原料的一半，如果是干烧，就应使汤汁全部渗透入原料内部，锅内不留汤汁。常见的烧煮制菜肴有烧茄子、红烧鲤鱼等。

卤法是指将食材经过清洗、焯水和简单的刀工处理后，放入卤汁，用中火逐步加热烹制，使卤汁渗透其中，直至成熟入味。用卤法烹制的菜肴，口味香浓、色泽光亮、食用方便、便于携带，备受人们的喜爱。无论是街边小巷还是酒楼饭馆都能看到它的身影，如卤鸭脖、卤鸭掌、卤鸡爪等。

用于卤制的卤水可以自己制作，也可以在市面上直接购买。卤水分为红卤和白卤两大类：红卤加糖色，卤制的食品呈金黄色；白卤不加糖色，卤制的食品呈无色或者本色。自己熬制卤水时，通常会加入姜、葱、花椒、八角、桂皮、陈皮、胡椒、甘草、肉蔻、香叶、孜然、砂仁、罗汉果、辛夷花、当归等多种中药和香料，以增加食材的色香味。

蒸是指把经过调味的食品原料放在器皿中，再置入蒸笼，以蒸汽为传热介质将其加热制熟的烹饪技法。蒸制而成的菜肴具有保持食材原有形态、原汁原味、减少菜肴营养成分流失的特点。

根据食品原料蒸制火候与时间的不同，其可分为猛火蒸、中火蒸和慢火蒸三种，按技法可分为清蒸、粉蒸、扣蒸、包蒸、糟蒸、花色蒸、果盅蒸。其中清蒸、粉蒸是家庭烹调中使用较多的。

清蒸是指单一原料或单一口味（咸鲜味）原料直接调味蒸制，成品汤清味鲜质地嫩，代表菜有清蒸武昌鱼、清蒸鲈鱼。

粉蒸是指经加工、腌渍的原料上浆后，沾上一层熟玉米粉蒸制成菜的方法，粉蒸的菜肴具有糯软香浓、味醇适口的特点，代表菜有荷叶粉蒸肉。

蒸制时应当注意以下几点：

1. 蒸制前原料一定要处理干净，沥净血水，避免影响蒸制后的味道。

2. 蒸制时要等锅内的水沸腾后再将原料放入。

3. 蒸的时候建议不要翻动，以免破坏菜肴的外形。

4. 若将食材按颜色深浅摆放时，一般色浅的放在上面，色深的放在下面，这样能有效避免上面菜肴的汤汁溢出时影响下面菜肴的颜色。

5. 热气向上，上层蒸汽的温度高于下层，因此，若按食材烹制的时间长短摆放时，一般把不易熟的菜肴放在上面，易熟的则放在下面，避免生熟不均。

炖是指把食物原料加入汤水及调味品中，先用旺火烧沸，然后转成中小火，食材要经过长时间烧煮的烹调方法。

炖的烹调方法包括隔水炖和不隔水炖。

不隔水炖就是将原料在开水内烫去血污和腥膻气味，再放入陶制的器皿内，加葱、姜、酒等调味品和水，加盖后直接放在火上烹制。烹制时，先用旺火煮沸，撇去浮沫，再转微火炖至酥烂。炖煮的时间，可根据原料的性质而定，一般是 2 ~ 3 个小时。

隔水炖法是将原料在沸水内焯去腥污后，放入瓷制、陶制的钵内，加葱、姜、酒等调味品与汤汁，用纸封口，将钵放入水锅内（锅内的水需低于钵口，以滚沸水不浸入为度），盖紧锅盖，不使漏气。以旺火烧使锅内的水不断滚沸，这样约三小时即可将汤品炖好。这种炖法可使原料的鲜香味不易散失，制成的菜肴鲜香味足，汤汁清澄。

煎一般是以温火将锅烧热，放入少量的油加热，再把食物放进去，先煎至一面上色，再煎另一面。煎时要不停地晃动锅，以使原料受热均匀，色泽一致，使两面成金黄色后放入调味品，拌匀即可。煎锅的原料，在煎之前一般还需经过调味或挂糊，有的在煎时不需另用调味品烹调，食用时再蘸上调味品。煎食物的时间往往较短，煎制的菜肴外香酥、里软嫩。

煎的种类很多，有干煎、煎烹、煎蒸、煎焖、煎烩、煎烧、糟煎、汤煎等。其中煎焖和煎烧是制作家庭料理时最常用到的。煎焖就是将原料煎制后，在锅内放入调料和汤（或水），盖严锅盖后用小火焖至主料软烂、汁液烧干。煎烧则多出现在南方地区，一般是用来制作丸子，菜肴色泽浅黄、质地松软。

烤是最古老的烹饪方法，从远古的野火烤食演变而来。随着现代工艺的完善，用于烤制的器具越来越多样化。烤制时只要将经过刀工处理或调料腌渍的食物原料放在烤具中，利用火的辐射热使之变熟即可。烤制的菜肴，由于原料是在干燥的热空气烘烤下成熟的，表面水分会蒸发，凝成一层脆皮，原料内部的水分不能继续蒸发，因此成菜的形状整齐、色泽鲜亮、肉质外脆里嫩。

一般将烤制法分为暗炉烤、明炉烤。暗炉烤选用的炉体有砖砌的，有用铁桶制的，还有陶制的，只要将原料挂在钩上，放进炉体内，悬挂在火的上方，封闭炉门后经过一段时间即可完成烤制。暗炉多用于烤制鸡、鸭、畜肉类原料。明炉烤是指用临时搭制的敞口火炉烤制食品，有用铁架来烤制乳猪、全羊等大型主料的，有在炉上面放铁炙子来烤肉的，也有用铁叉叉好原料在明炉上翻烤的，像烤乳猪、烤全羊等。

烤箱是现在日常家庭中最为便捷的烤制用具，其体积小，操作简单，可以烤制的食材多样，像体形较小的鸡、鸭、面包点心等，只要根据食谱或自己积累的烹饪技巧即能做出美味的菜肴。

炸是以食油为传热介质的烹调方法，烹制的特点是需要旺火加热、用油量多。炸制菜肴的特点是香、酥、脆、嫩。

炸有清炸、干炸、软炸、酥炸、面包渣炸、纸包炸、脆炸、油淋炸等。其中酥炸一般是在原料外面挂上全蛋糊下油锅炸，是口感最为丰富的一种。清炸是原料不经挂糊上浆，用调料拌渍后投入油锅，用旺火加热的方法；其利用较高的油温，能较好保持原料的原始风味。

炸食物时，要控制好油温，火不宜太猛，应适时翻动，严防过老或不熟，将原料炸成焦黄色即可。有的大块原料要复炸，但这样对保持营养素不利，也不易消化，不宜多采用。

煲的烹饪手法一般指煲汤，烹调的时间较长。煲汤往往选择富含蛋白质的动物原料，如牛、羊、猪、鸡、鸭等的骨头或肉质。煲汤时要先把原料洗净，一般情况下，将汤料放进锅后要一次性加足冷水，用旺火煮沸，再改用小火，期间要撇去浮沫，加入姜和料酒等调料，待水煮沸后用中火熬制，使其保持沸腾 3 ~ 4 小时，这样原料里的蛋白质能更多地溶解，当汤汁呈乳白色时味道最佳。

煲汤时避免以下情况能使煲出的汤味道更鲜美。一是避免煲汤时中途添加冷水，因为正加热的肉类会遇冷收缩，蛋白质不易溶解，汤的鲜香就要流失。二是不宜过早放盐，因为早放盐能使肉中的蛋白质凝固，不易溶解，这样会使汤色发暗，浓度不够。三是要控制好放入香辛料的量与种类，如葱、姜、蒜，否则会影响汤汁的鲜美。四是控制好火候，不要一直用旺火熬制，以免肉类中的蛋白质分子运动激烈使汤浑浊，同时使营养流失。

焖是将加工处理过（如卤、炸、煎、爆）的原料，放入锅中加适量的汤水和调料，盖紧锅盖烧开，改用中小火进行较长时间的加热，待原料酥软入味后，留少量味汁成菜的烹饪技法，其特点是菜肴以柔软酥嫩为主。

焖制的烹饪技法若按照调味种类分，有原焖、油焖、红焖、黄焖、酱焖几种。

其中油焖的制法在聚会场合的餐桌上较受欢迎。

油焖是将加工好的原料，经过油炸，排出原料中的适量水分，使之受到油脂的充分浸润，然后放入锅中，加调味品和适量鲜汤，盖好盖子，先用旺火烧开，再改转用中小火焖，边焖边加一些油，直到原料酥烂而成菜的技法，代表菜有油焖大虾、油焖尖椒。

食材处理方法

汆水有时是烹饪原料初步热处理的方法，但更多的时候是一种烹调方法，一般以咸鲜、清淡、爽口为宜，多以汤作为传热介质，成菜速度快。汆水中的“水”一般是指汤水，汆水具体的操作步骤是将鲜嫩的原料投入沸汤锅中制熟成菜。汆的原料多是加工成片、丝、花刀形或丸子形，有上浆与不上浆之分，汆后原料汤澄清见底为清汆，汆后原料汤色乳白为混汆。

焯水是一种初步熟处理工艺，是将原料投入冷水或沸水锅中祛除异味以及断生的一种烹调方法。焯水的方法包括开水焯水和冷水焯水，开水锅焯水一般适用于植物性原料和质地细嫩的动物性原料；冷水锅焯水一般适用于质地老韧、腥膻味较重的动物性原料。开水锅焯水就是将锅内的水加热至滚开，然后将原料下锅，下锅后及时翻动，时间要短。焯水讲究色、脆、嫩，不要过火。焯水时要特别注意火候，时间稍长，颜色就会变淡，而且也不脆嫩。因此放入锅内后，水微开时即可捞出凉凉。不要用自来水冲，以免造成新的污染。

上劲就是将加工成蓉泥末的动物性原料加入精盐、水、淀粉以及其他辅料后，经过反复搅拌，使之达到色泽发亮、肉质细嫩、黏稠且不松散状态的一种加工方法。一般做鱼丸子、牛肉丸子时对肉质的劲道要求就比较高，这样食用的时候味道鲜美，嚼劲佳。像广东潮汕地区的牛肉丸、牛筋丸就以劲道得像乒乓球一样有弹性而得到食客的钟爱。

挂糊与上浆相似，都是在食材下锅前给其表面挂上一层保护膜，区别是用于挂糊的液体相对于上浆的较为浓稠，上浆用的稀薄一点。

挂糊是指在经过刀工处理的原料表面挂上一层粉糊，再放到温度较高的食用油中炸，制作出的菜肴具有松嫩、香脆的口感，同时可保持较好的外观。挂糊时做好每一个细节，才能避免菜肴的外观与口感受到影响。需把要挂糊的原料上的水分挤干，特别是经过冰冻的原料。挂糊时很容易渗出一部分水而导致脱浆，而且还要注意液体的调料也要尽量少放，否则会使浆料上不牢。也要注意调味品加入的顺序，一般先放盐，盐可以使咸味渗透到原料内部，同时和原料中的蛋白质

形成“水化层”，可以最大限度保持原料中的水分少受或几乎不受损失。

上浆是指在切好的原料下锅之前，给其表面挂上一层浆类的保护膜。其作用是能保持原料中的水分和鲜味，使烹调出来的菜肴具有滑、嫩、柔、脆、酥、香、松或外焦里嫩等特点；其次，上浆能有效保持原料不碎不烂，增加菜肴形与色的美观度；再者，菜肴的营养成分也能得到保持。

腌渍是一种古老的保藏的食品方法，其目的是为了防止食品腐败变质，延长食品的食用期。

一般根据使用的腌渍材料的不同，可以分为盐渍、糖渍和醋渍等。肉类的腌渍主要是用食盐、硝酸盐或亚硝酸盐、糖类等进行处理，经过腌渍加工成的产品成为腌腊制品，如腊肉、发酵火腿等。果蔬类制品通常用酸性调味料腌渍浸泡，加工出的产品基本都带有酸味。

不同的地区有不同的腌渍秘诀，腌渍食品不仅可以打破食用

的季节限制，还有特殊的风味，能刺激食欲，帮助消化，有去油腻的功效，但由于制作中大量使用糖、盐等调味料，长时间食用腌渍的食物对身体无益。

过油是将原料放入油锅进行初步热处理的过程。过油能使菜肴口味滑嫩软润、色泽鲜艳，而且能去除原料的异味。过油时要根据油锅的大小、原料的性质以及投放材料的多少等方面来控制油的温度。

根据火候的大小控制油温。急火可使油温迅速升高，但极易造成互相粘连散不开或焦煳现象。原料在火力比较慢、油温低的情况下投入，则会使油温迅速下降，出现脱浆，从而达不到菜肴的要求。

过油必须在急火热油中进行，而且锅内的油量以能浸没原料为宜。原料投入后由于原料中的水分在遇高温时立即气化，易将热油溅出，须注意防止烫伤。

勾芡具有吸水、粘附及使食物光滑润洁的特点。在菜肴接近成熟时，将调好的粉汁淋入锅内，使卤汁浓稠，增加卤汁对原料的附着力，从而使菜肴汤汁的粉性和浓度增加，改善菜肴的色泽和味道。烹调用的淀粉主要有绿豆淀粉，马铃薯淀粉，麦类淀粉，菱、藕淀粉等。勾芡多用于熘、滑、炒等烹调方法中。

芡汁的浓稀应根据菜肴的烹法、质量要求和风味而定。浓芡的芡汁浓稠，可将主、辅料及调味品、汤汁粘合起来把原料裹住，食用后盘底不留汁液，浓芡适用于扒、爆菜使用。糊芡的芡汁能使菜肴汤汁成为薄糊状，目的是将汤菜融合，口味柔滑，糊芡适于烩菜和调汤制羹。流芡则呈流

体状，能使部分芡汁粘结在原料上，一部分粘不住原料，流芡宜用于熘菜。薄芡的芡汁薄稀，仅使汤汁略微变得稠些，不必粘住原料，一些清淡的口味菜肴以使用此芡为主。

Chapter 8

刀不误“烹饪”工，选好厨具事半功倍

一件称心如意的厨具是烹调出美味佳肴的关键，刀具、锅具、餐具、电饭锅……这些常见的烹调工具，你对它了解多少？下面让我们一起走进厨具的世界，了解它们的方方面面。

选一把**好菜刀**

菜刀是生活中的必需品，家家户户做饭都要使用菜刀，市场卖的菜刀质量参差不齐，我们在选择的时候因此常有困惑，下面为大家介绍如何选购一把得心应手的好菜刀。

①刀刃要锋利、平直、无缺口。选购时可以直接在刀身上用手指弹一下，然后听菜刀发出的声音。声音清脆、悦耳、好听、持久的刀一定是好钢。反过来说，敲起来像石头一样，那钢材绝对好不到哪里去。同时观察刀口，好的菜刀刀口越磨越亮、锋利无比。

②刀柄设计要人性化，拿握舒适。将菜刀拿在手里上下挥动，好的菜刀受力均匀，不会有头重跟轻的感觉。

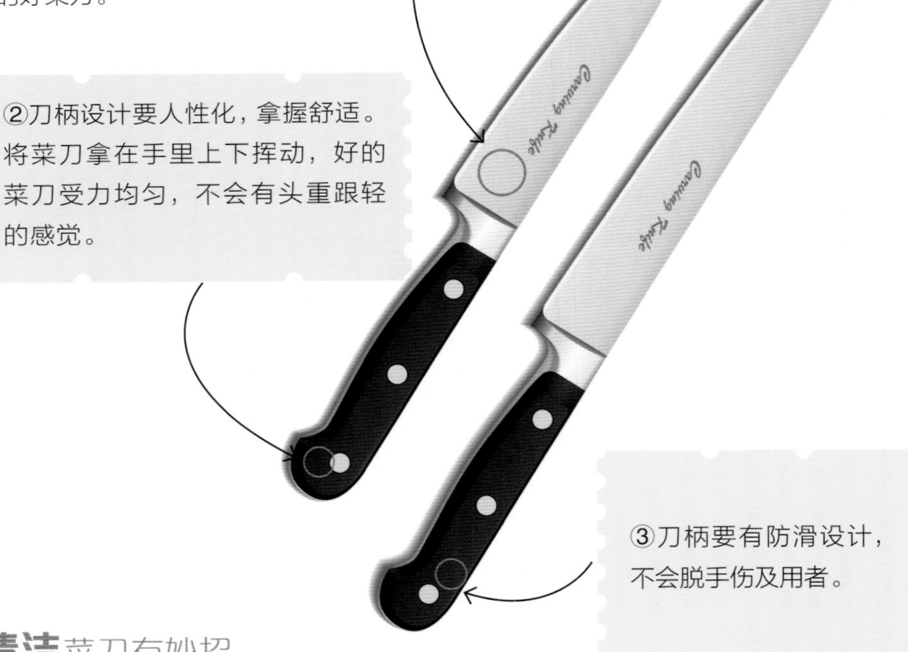

③刀柄要有防滑设计，不会脱手伤及用者。

清洁菜刀有妙招

菜刀表面生锈了会影响使用的效果，这时不妨用新鲜的萝卜片或马铃薯片沾上少许细沙来擦拭菜刀，也可以用切开的葱头来擦拭表面的锈迹，这几个办法都可以使斑斑铁锈褪去无痕。

还有一个办法，就是菜刀在使用过之后，马上浸入到淘米水里，这样既能防止刀面生锈，又能除去原有的锈迹。磨过的菜刀更容易生锈，所以菜刀磨过之后，最好洗净抹干，再在菜刀两面涂抹一层猪油，直立在通风处晾干，就不会生锈了。

菜刀沾上**腥味**怎么办

菜刀切了鱼、海鲜这类食材，刀面上往往会留下让人讨厌的腥臭味，很难除掉，下面给大家介绍三种去腥小技巧。

1 用淘米水浸泡：淘米水里面的淀粉可以和发出异味的物质发生化学反应，可以有效去掉异味，而且生锈的刀也可以用这种方式去除。

2 用生姜涂擦刀的表面，然后用清水洗掉，这样去腥效果很好。因为姜汁可以去腥味，而且还可以防止菜刀生锈，一擦之下立显神奇。

3 先用精盐擦一擦，清水冲洗后放到火上烘烤片刻也可去除菜刀上的腥味。

安全使用刀具

首先，使用刀具时注意力应当集中，不用刀具比画、打闹，更不能拿着刀具相互开玩笑，以免误伤别人或自己。

其次，刀具不使用时，要妥善保存起来，放在安全稳妥的地方，不要使刀具的尖和刃部突出暴露在外，以防止刀具被碰落而伤人或者有人不慎触碰而受伤。

菜刀的**保养**

菜刀利落与否会让烹调的成品大不相同，因此我们要选定时间对菜刀加以保养。

1	将磨刀石泡在水里吸水 20 分钟左右。
2	磨刀石放在塑胶质的磨刀石固定器上，置于水平处。
3	菜刀的刀刃挪到面前，将整个刀刃放在磨刀石的对角线上。
4	右手握住菜刀刀柄，用握刀那只手的拇指压住刀刃。左手的食指、中指和无名指则要轻轻托住刀刃的中央。
5	磨刀石和刀刃的角度要保持在 15°，从靠近身体的地方往前磨过去。从对面移回面前时要有节律地翻面，不要用力。
6	检查研磨的状况，用手指摸摸刀刃的表面，假如感觉到凹凸不平的毛边形成了，就表示磨好了。
7	将刀刃翻面，刀刃放在面前，以同样方式研磨。

如果菜刀长时间不用，可以在菜刀表面抹一层食用油，这样能够起到隔绝空气的作用和防锈的效果。

锅具

厨房锅具的分类

1	按功能分为压力锅、煎锅、炒锅、汤锅、蒸锅、奶锅等。
2	按材质分不锈钢锅、铁锅、铝锅、砂锅、铜锅、搪瓷锅、不粘锅、复合材质锅等。
3	按手柄个数分单耳锅和双耳锅。
4	按锅底形状分平底锅和圆底锅。

压力锅选购注意

①应选购具有限压装置、安全压力保护装置和开合盖压力保护装置的压力锅。市场上的老式无开合盖压力保护装置的压力锅，已经被淘汰，是不符合目前国家标准的。

②应根据需要进行选购。铝合金压力锅导热快，受热均匀；不锈钢压力锅美观、光洁、耐磨，但导热较慢，受热集中，容易煳底，但目前有些不锈钢压力锅增加了复合底，改善了性能。

③应注意压力锅的外观质量。一些个体商贩生产的压力锅做工粗糙，锅体边缘有毛刺，建议消费者到大商场购买大厂家的产品。购买时还要注意检查产品是否有商标、厂名、厂址。

④压力锅随着使用年限的延长，其整体强度也将下降，按照国家有关规定，压力锅最高使用年限为 8 年，凡超期使用的压力锅均为不安全压力锅，必须更换。

铁锅选购注意

1 察看有无疵点。疵点主要有小凸起和小凹坑两类，小凸起的凸起部分一般是铁，对锅的质量影响不大。如果凸起在锅的凹面时，可用砂轮磨去，以免挡住锅铲。小凹坑比较复杂，对锅的质量危害较大，购买时需注意察看。

2 锅底触火部位俗称锅屁股。锅屁股大者不好，因其传火慢，费火、费时。

3 锅有厚薄之分，以薄为好。购买时可将锅底朝天，用手指顶住锅凹面中心，用硬物敲击。锅声越响，手感振动越大者越好。

4 铸铁平锅因多用来“煎”“烙”，不需大火，故锅底厚一些为好，重量也可以重一些。

不锈钢锅选购注意

1 不锈钢锅的好坏关键在锅底，三层复合底的铝层厚度分布要均匀。有的三层复合结构不锈钢锅铝层厚度分布不均匀，如两边薄、中间厚等，导致锅底导热不均匀。

2 锅盖结构设计要合理，密封性要好。微凸锅盖设计能让水分自然循环，密封性好，使热量不易流失。

3 手柄要不烫手，因为易烫手的手柄易老化。

砂锅选购注意

1 从材质上选：砂锅一般都是陶瓷材质，好的砂锅颜色多呈白色，表面的釉质量高，并均匀有亮度。

2 从结构上选：看是否结构合理，没有裂痕和明显的砂粒，可以将锅盖转动，如果有平滑的摩擦感，则说明锅盖与锅身贴合比较紧。

3 从锅底上选：建议选择锅底小的砂锅，因为传热快，并能很好地节能和省时间，还有尽量选锅体比较薄的砂锅。

4 从声音上选：可把锅底朝上，用手指顶在中间，用硬物轻轻敲，锅身越响和手指震动越大，说明砂锅越好。

5 一定要根据需要来选：煎药不需要使用太好的砂锅；而用来煲汤或炖食物，砂锅的要求比较高，建议选择质量好的白色砂锅。

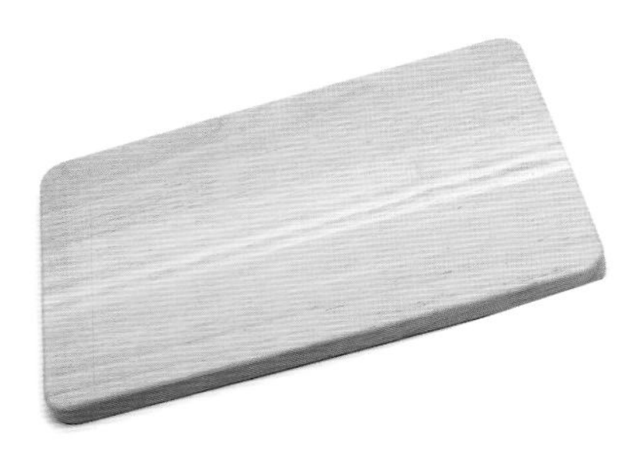

如何挑选一块称心如意的**砧板**

挑一块合适的砧板，要考虑材质、大小、形状等多个方面。对于一块好砧板来说，材质的影响是最主要的。最常见的砧板材质有木质、竹质、复合材料、玻璃等。下面说说它们各有什么优劣之处。

1. 木质砧板： 木质砧板如今仍是大多数中国家庭厨房里的必备品，许多人喜欢在木质砧板上使用刀时的沉实感觉，以及对刀刃的保护作用。但木质砧板吸水性强，不及时风干的话，容易发霉；受干湿变化影响大，容易开裂；用久了的木质砧板的切痕容易积蓄污垢。

2. 竹质砧板： 竹质砧板硬度大，不容易开裂或掉渣，但在使用时刀感不好，容易损伤刀刃，尤其是韧性不高的日本刀。与木质砧板相比，竹质砧板易清洗和风干，不容易发霉。但需要注意的是，拼接而成的竹砧板会有较多缝隙，容易滋生细菌，且使用时经不起重击。

3. 塑料砧板： 塑料砧板的材质一般都采用聚乙烯塑料、聚丙烯塑料等。塑料砧板价格低、轻便、清洗方便，但缺点是使用后会有明显的刀痕，容易掉渣，不耐高温，容易变形。

4. 玻璃砧板： 玻璃砧板的优点是好清洗，易保养，不易滋生细菌，不存在掉屑等烦恼。但缺点是易碎，使用时刀感极差，是对刀刃损伤最大的一种砧板。

砧板的**清洁和保养**

1	不论是哪种材质的砧板，烹饪使用完后都要及时清洗干净，置于通风阴凉处，让其风干，千万不能暴晒。
2	买回来的木质砧板需要用浓盐水浸泡 1~2 天，这样处理后的木质砧板更坚固，不容易开裂，且干净耐用。食盐浸入砧板里还可以起到杀菌消毒的作用。
3	木质砧板不宜用清洁剂清洗，因为清洁剂会渗入木材内，长期使用会导致木材霉烂，用之处理食物颇不卫生。
4	若砧板传出鱼腥味或其他异味，则可用柠檬和粗盐一同清刷；若砧板处理过油脂重的食物，可用热水不断清刷。
5	当砧板出现大的裂痕或呈现黑点时，就应该弃掉了。

不锈钢餐具所用**材质及特点**

家庭用的不锈钢餐具可分为430、304（18-8）、18-10三个等级。201不能作为餐具使用。

① 430不锈钢：可以防止自然因素所造成的氧化，但无法抵抗空气中的化学物质所造成的氧化。

② 18-8不锈钢：铁+18%铬+8%镍，可以抗化学性的氧化，这种不锈钢在JIS代号中为304号，因此又称为304不锈钢。

③ 18-10不锈钢：有些用品会用10%的镍来制作，以使其更耐用、更抗蚀，这种不锈钢称为18-10不锈钢。

巧洗不锈钢餐具的**方法**

不锈钢餐具不易破碎，使用方便还易保养，很多人认为它挺结实耐用，所以使用和清洗的时候不太注意方法和方式，结果导致人为的损坏。比如用钢丝球清洁，导致餐具表面留下划痕；还有的人用强碱性或强氧化性的化学药剂，如苏打、漂白粉、次氯酸钠等进行洗涤，这都是不正确的。

其实要解决一些顽固污渍，不锈钢专用清洁剂便可以轻松搞定。一些环保而实用的小技巧亦可以解决大问题。比如把做菜时切下不用的胡萝卜头在火上烤一烤之后，用来擦拭不锈钢制品，不但可以起到清洁作用，而且不伤表面。做菜剩下的萝卜屑或黄瓜屑沾清洁剂擦拭，既能起到清洁的作用，还能起到抛光的作用。

电饭锅如何**选购**

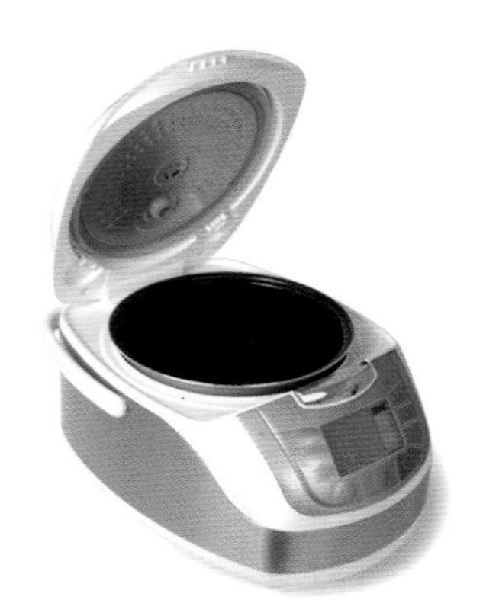

1 **确定功率大小：**您可根据家庭人数来购买不同功率的电饭锅，如 500 瓦、1.5 升的电饭锅，较适合三口之家使用，而功率为 700 瓦、1.8 升的电饭锅，则更适合人数较多的家庭选用。

2 **比较性能质量：**较好的电饭锅大多操作简便、灵活、安全，加热、保温性能优良。

3 **挑外观：**购买时应注意电饭锅外观涂漆均匀，无凸凹、划痕等缺陷；锅盖与锅体之间配合良好；内锅无凹陷，形状圆整，且与电热板接触紧密。

4 **易清洗：**为便于清洗，尽量选择内锅为不粘涂层的电饭锅。

电饭锅**保养技巧**

电饭锅在家庭中的使用频率较高，如果保养不当会缩短其使用寿命。为了合理地使用和保养电饭锅，应该注意以下几点：

1 使用完毕，内锅经洗涤后，外表的水必须揩干后再放入电饭锅内。

2 锅底部应避免碰撞变形。发热盘与内锅之间必须保持清洁，切忌饭粒掉入影响热效率，甚至损坏发热盘。

3 内锅可用水洗涤，但外壳及发热盘切忌浸水，只能在切断电源后用湿布抹净。

4 不宜煮酸、碱类食物，也不要放在有腐蚀性气体或潮湿的地方。

5 使用时，应将蒸煮的食物先一一放入锅内，盖上盖，再插上电源插头；取出食物之前应先将电源插头拔下，以确保安全。

微波炉的**使用与保养**

微波炉内的食物不能放太满，最好不要超过容积的 1/3。

在使用微波炉过程中，应注意保护好炉门，防止因炉门变形或损坏而造成微波泄漏。更不能在炉门开启时，试图启动微波炉，这是十分危险的。

选择烹调时间宁短勿长，以免食物过分加热烧焦甚至起火。

日常使用后，马上用湿布将炉门上、炉腔内和玻璃盘上的脏物擦掉，这时最容易擦干净。若日常没有及时清洁，可将一点水加热成蒸汽，使污垢软化，再用湿布擦就容易清洁了。

微波炉停止使用时，应将炉门稍稍敞开，使炉腔内的水蒸气充分散发，有利于腔体的保养。

微波炉**使用注意事项**

1	微波炉应该放置在干燥通风的地方，同时避免热气和水蒸气进入微波炉中。在微波炉周围应该留下 15 厘米以上的通风空间。
2	不能将肉类加热至半熟之后再用微波炉进行加热，在半熟的食品中，细菌同样会继续增加，再次使用微波炉进行加热，它的加热时间短，不能将细菌全部杀死，这样加热之后的食物很容易对人体造成伤害。
3	在使用微波炉加热食物时，食物若出现起火的现象，不能打开炉门，这个时候应该立即关闭电源，拔下电源插头，再将定时器调回零就可以了。
4	不能在微波炉中加热油炸食品，油炸食品经过高温加热之后，高温的油会发生飞溅导致火灾的发生。
5	使用微波炉加热食物不能用金属器皿，放入炉中的铁、铝、不锈钢、搪瓷等在进行微波加热时会和微波炉产生火花并反射微波，这样既损伤炉体又达不到加热食物的效果。

电磁炉如何**选购**

在使用电磁炉前，应仔细阅读产品说明书，了解产品的功能、使用方法、维护保养要求以及制造商可能提供的售后服务内容。一般在使用、保养时应该注意以下几点：

1 安装专用的电源线和电源插座。电磁炉由于功率大，一定要配置专用的电源线和插座，通常应选能承受15安电流的铜芯线，配套使用的插座、插头、开关等也要达到这一要求。

2 电磁炉放置要平稳。如果电磁炉某一脚悬空，使用时锅具的重力将会迫使炉体倾斜，锅内食物溢出。如果炉面放置不平整，锅具产生的微震也容易使锅具滑出而发生危险。

3 选用合适的锅具。电磁炉外壳和黑晶承载重量是有限的，一般民用电磁炉连锅具带食物不应超过5千克，而且锅具底部也不宜过小，防止电磁炉炉面承受压力不至于过于集中。

4 清洁炉具要得法。电磁炉炉面或炉体不能用溶剂、汽油来清洗，可用软布沾一点中性洗涤剂来擦拭。

5 不要让锅具空烧、干烧，以免电磁灶面板因受热量过高而裂开。

6 锅具必须放置在电磁炉中央，避免加热不均匀，也不要在高温或大功率状态下，频繁拿起容器锅具再放下，否则易造成故障。

电磁炉**使用注意事项**

1	注意电磁炉用电的安全性，保证电磁炉周围的使用环境足够安全。
2	使用电磁炉时应当选择电磁炉专用锅具，电磁炉在使用过后应当及时清洁，保证炉面的干净整洁。
3	将锅具放置在电磁炉上时应当轻拿轻放，避免力道过重破坏炉面。
4	在烹饪完食物之后，电磁炉上还有余热，应当避免手直接和炉面相接触，防止烫伤。
5	在使用电磁炉时需要有人进行看守，或者是将电磁炉的温度调低和定时。
6	将电磁炉放置在儿童不能接触到的地方，防止误伤。